内空间艺术形象创新设计

Interior space art image innovation design

范伟　著

湖南师范大学出版社
·长沙·

前　言

斗转星移，万物乾坤下彰显人类文明的造物活动在诞生伊始便如同点点星火洒落全世界。东西方文化在碰撞与交流中凸显了设计的地域性与民族差异，并借时空锤炼的积淀产生出各类经典设计形象，其以城市、建筑、产品、图像、符号等形式多维表现融入人们生活中，成为推动人类社会发展必不可少的物质载体。工业革命以来，人们借助蒸汽、电气、智能、量子、信息等科技的更迭，使得设计成果展现得更加光彩夺目。而以包豪斯时期的现代设计教学为源头，西方主导的设计理论在强势经济的推动下开启了设计语言的国际化征程。东方各国在西学东渐的环境下努力从模仿学习到自主创新。历史悠久的中国，在走向国际舞台中心之时，更需要以文化自信找到未来设计决策的话语权，重新定义中国设计在世界的分量与角色。然而，突破思维桎梏与实现目标的过程是艰巨的，这需要用设计对民众精神生活进行洗礼，使汉唐气度、宋明底蕴重回民族血脉，只有设计的超越与引领，才能让本民族重拾人类文明发展的大国担当。

本书正是在上述历史背景下，从"空间艺术形象"这样一个极具个性化概念的设计表象出发，基于中外学者相关空间设计理论的思考，用本民族设计语言解释万物间的事理逻辑，尝试构建出具有中华文化基因的设计哲学框架，形成"形意场"设计理论。该体系作为一种设计哲思，是以"形实意虚"的相辅相生作为设计动态本源，区分出因"形"的上下之别而出现的"道"与"器"，并在通变下全盘权衡主客观因素，以满足各类设计需求。该理论强调"明者因时而变，知者随事而制"（西汉·桓宽），才能驾驭设计中众多可变因子间的制衡关系，取得时空有机结合下"场"的和谐状态。

包容而自信的民众审美与创新思维离不开务实的开拓教育，同时教育也须有"敢为人先"的视野与底蕴。在本教学文本通俗易懂的表述中尝试融入独创性的设计理论思索，用循序渐进的教学规律与潜移默化的教育功效来推动设计思维的解放。在当前坚定文化自信的契机下，设计教育也迎来了一次本民族设计智慧在国际上铿锵有力发声的良机。正如"雄关漫道真如铁，而今迈步从头越"。中国设计及其教育也需要迈开步伐，为"设计改变未来"贡献力量。

铸芯立杆，从教育入手抛砖引玉，以开启设计的新视野与新思维。这也是本书的意义所在。

范伟
2023 年秋月记于岳麓山下

目　录

第一章 万物汇华展艺姿：室内空间艺术形象的初识

第一节　室内空间艺术形象设计概述

柯布西耶认为"房屋是供人居住的机器"，形象地阐明了室内的空间功能性和服务性特点。室内空间艺术形象设计则是基于物质功能需要，在各种有界限且相包容的场域范围内营造出变幻多彩的视觉效果以及舒适宜人的丰富感官体验，从而提升个性化的精神品质。

一、室内空间艺术形象设计的诠释

艺术对于室内空间形象表达而言有着深刻且久远的影响。一般来说，洞穴被认为是人类最早的栖身之地，在史前人类栖息的洞穴中就发现有动物形象的壁画，这可能是最早的人类艺术创作与室内空间结合的例子。

不同的艺术手段会造就不同的艺术形象，东方写意水墨和西方写实油画的艺术大相径庭。如南宋梁楷的《泼墨仙人图》仅仅以简单几笔，就生动地勾勒出仙人的相貌和衣着（图1-1）；而达·芬奇的《蒙娜丽莎》以丰富的光影艺术，追求真实的"微笑"魅力（图1-2）。二者的人物艺术形象虽不相同，但都有着"和谐、适度"的美学效果，并注重对称与平衡、尺度与比重、疏密与大小、节奏与韵律等形式美的表现技巧。这种各艺术门类之间相通的式样法则，在室内空间艺术形象设计中也同样适用。

●图1-1 《泼墨仙人图》

●图1-2 《蒙娜丽莎》

●图1-3　台北101大厦室内形象

　　形象包含肖像、象征、形状，或具体事物等含义。形象设计也称形象顾问，即根据差异化人群的相貌特征、体态状况、社会角色等多种因素，找到最适合服务对象的色彩、格调、造型，从直观视觉角度解决人们所需的形象问题。根据服务主体的不同，形象设计又可针对城市、企业、人物、产品等细分方向展开研究。

　　室内空间艺术形象设计是指在室内空间中利用艺术语言对物质与非物质形态的视觉化理想表达。室内空间的艺术语言可以运用多样的形式法则组织空间形态来满足感官的追求，如建筑结构的变化组合及界面组织形成视觉背景后，家具等陈设物件艺术化地融入其空间就能构成独具特色的形象。这种形象能通过不同材质、肌理、纹路的视觉特性来传递丰富的信息内容（图1-3），不仅能激发出人的视觉形象想象力，更能营造出独特魅力的室内空间意境之美。

二、室内空间艺术形象设计的目的

　　室内空间满足人们基本功用需求后，还肩负着人们情感交流与精神释放的重要作用。因此，室内空间艺术形象设计的目的在于完善功能、美化空间、提升品质、陶冶情操、规范德行、以美育人。它既包含了满足人们生理需求在空间艺术表现上的科学性，也包含着迎合人们心理需求的艺术性。这种复合性交融的表达形式，一方面，要求空间内部形象在构成上有适当的主次安排、相宜的尺寸比例、合理的物件设置；另一方面，其还必须在形式美的法则上创造空间的境域和意象，给人以更深层的文化感受。

三、室内空间艺术形象设计的范围

室内空间艺术形象设计针对人们的需求，按空间使用性质差异可划分为居住环境空间与公共环境空间。空间中的建筑构件、家具、装饰品等作为功用与展示之物，其设计与布置都涵盖在室内空间艺术形象设计之中。

（一）居住环境空间

无论是独户庭院、别墅，还是普通公寓都属于居住环境空间这个范畴之内（图1-4、图1-5），使用者的居家环境、空间尺度、经济状况、职业属性、角色地位、个性喜好等因素，都是居住环境空间艺术形象设计中的关键点，这也是造就温馨、美好家庭空间环境的构思前提。

●图1-4 范斯沃斯住宅空间
以8根柱子与落地玻璃设置让室内更加通透。

●图1-5 客厅与餐厅合一空间
丰富细腻的空间组织，演绎着雅致的意式奢华。

（二）公共环境空间

公共环境的空间艺术形象设计是指除住宅之外所有建筑空间的内部区域，其涵盖范围广泛，如餐饮环境中的交流空间、商业活动中的共享空间（图1-6）、办公学习空间（图1-7）、文娱休闲空间等。由于各种公共环境空间形态不同、性质各异，加上差异化的群体需求不一，也就有了各具特色的公共环境艺术形象。

●图1-6 商业共享空间
用实体造型结合多媒体手段，创造出时空倒转的未来科幻体验感。

●图1-7 办公学习空间
结合传统园林景观，便拥有了自然"情趣"。

第二节　室内空间艺术形象设计的作用

一、凸显空间感知特色

　　室内各艺术形象通常以艺术表现性语言与人实现交互，进而影响人的心境。人对空间艺术形象的心理体验是基于视觉效果的情绪反应，也包含了基于文化素养的审美判断。在同一室内空间艺术形象的感染下，人们易萌生相近的情绪体验。例如：在德国柏林的犹太人纪念馆中，其空间动线蜿蜒曲折，室内布局幽暗阴郁让不同人都能体会到犹太人遭受迫害时的痛苦和无助（图1-8）。

　　从艺术的角度来说，室内空间中的每一种造型的材料与色彩的选择，以及其放置、排列的方法都体现一定的美学规律，这是设计师所要阐释的空间意境美学，同时也体现了使用者的个性追求。设计师可以巧妙地利用家具摆件、地面铺设、屏风隔断、绿植小品等陈设营造出二次空间，使室内艺术形象的空间层次更多样，使用功能更完善，整体布局更合理。

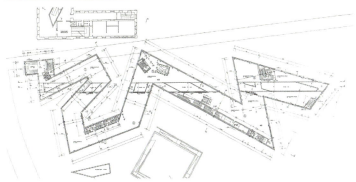

●图1-8　犹太人纪念馆
该设计将犹太人的"大卫之星"抽象化为建筑的形体，形成"之"字形在场地中铺开，并延伸至环境中。

二、彰显空间主题文化

　　人类的营造活动总是与其生活的环境与地域文化息息相通，地域文化受地理、气候、宗教、民族的影响，往往代表着一个族群的审美诉求和价值取向，不同的地域文化在空间艺术形象上也会有差异化体现。如大陆与岛屿在地理环境上的差别，使得中国与日本的空间艺术表现迥然相异。日本的建筑、造物、服饰、绘画等具有强烈的东方韵味和自身风格，室内空间多呈现极致的简约感。如日本金泽美术馆（图1-9）的建筑空间如同一个飘浮的扁岛，室内大量使用的穿透性玻璃墙体，让轻盈浮动的空间弥散着日式文化的简约感。中国南北地域文化的差异极大，在民居建筑中表现得十分明显：北方民居空间浑厚质朴，而南方民居则空灵通透。如湘楚文化的奔放浪漫、岭南文化的多元开放、青藏文化的坚忍祥和、齐鲁文化的博大精深等都能为空间赋予多样主题特色。

　　除了地域文化，还有其他空间主题，如童话、传说、玄幻、悬疑等内容皆极富吸引力。主旨构思往往能成为室内空间中"画龙点睛"之笔，使空间巧妙获得"传神达意"的体验功效。对于当代室内空间艺术形象设计而言，不同民俗文化背景下人们所创造出的精神与物质财富，大多都能转变为空间主题的艺术形象，会让室内空间充满着浓郁的文化气息。

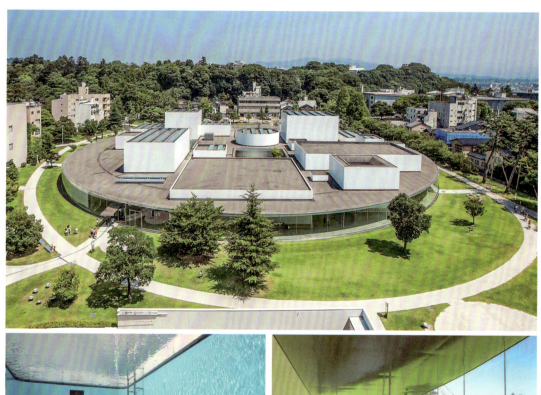

●图1-9　金泽美术馆
美术馆采用360度透明开放的玻璃幕墙，使建筑感觉轻盈且有飘浮感，让人感受更多的东方禅意。

三、精显空间时代情境

　　艺术源于生活，并高于生活。这一理念让人的创造力超越现实，并使其具有一定的艺术情调来营建未来生活空间情境。无论空间是欢快喜庆、凝重庄严，还是清新高雅、奢华通俗，设计师都可为空间中注入时代气息来营造氛围。由于空间艺术形象本身的造型、色彩、肌理等要素均具有相应的时代性，合理的室内空间布局可强化室内年代感。而意境是空间艺术传达的理念或观点，有深层的内涵，能让人获得一种精神享受和情感共鸣。

　　以自然元素为艺术语言的设计方式一直广泛应用于我们的室内空间设计中，这与自古流传的"天人合一"的理念有着密切关联。在古代，技艺高超的匠人们将自然山水与室内厅堂融为一体，让室内空间灵动而自然，满足人们寄情山水的志趣。不同时代下，这一设计理念依旧作为室内空间的一种流行设计取向，设计师可利用绿植盆景、山石陈设以及花鸟鱼虫等巧妙地组合成自然的"庭院"，把自然元素融于空间装饰之中，让室内空间更加富有生机与活力，彰显出崇尚自然、和谐的空间风格。

　　此外，不同人群因受制于自身经济与兴趣爱好，在室内空间艺术形象的选择上也截然不同，个性空间能体现不同人群的审美志趣、个性特点、内在涵养。新材料技术日新月异，推动空间语言表达日益丰富，许多新的表现形式也同时产生。如虚拟现实、动画结合、远程传输等。当将其运用于室内设计时，各类物件的形态通过设备展现出来，形成光怪陆离的空间效果，让人感知到视觉丰富的时代气息（图1-10）。

●图1-10　"人生笔触"滑冰场
该空间由直径15米的发光圆形及高20米的光点状圆柱体围合而成。当人们在滑冰场上"流动"时，脚下便可绘制出书法般的"笔迹"。

第三节　室内空间艺术形象设计的消费心理

　　人类的需求是一个由低级向高级层次延伸的过程，人类的需求分为了五种层次：生理需求、安全需求、社会需求、尊重需求、自我实现需求。由于社会中多数人的需求层次结构关系复杂，这也使社会的消费能力呈现出了千差万别的状态。

一、消费心理与人群定位

　　研究消费心理是室内空间艺术形象设计的重要内容之一。空间艺术能让人产生消费需求，做出购买决策，享受消费价值，得到最佳空间消费体验。通过研究消费者的心理，对消费群体消费的心理分析，不仅为空间艺术形象的个性消费提供参考价值，更为空间消费的定位给予精准的设计数据。

　　针对不同人群定位的室内空间艺术形象设计各具特色。如儿童空间往往采用鲜艳的色块进行空间装饰，以此吸引儿童的兴趣（图1-11）。一些休闲娱乐活动场所的空间艺术形象往往根据青年人喜好的主题风格，营造强烈的视觉感观（图1-12）。奢侈品的售卖空间通常使用更昂贵的材料或是运用更高级的设备来贴合奢侈消费的空间调性。

●图1-11　商场中的儿童空间
一座老旧厂房被改造为大型儿童艺术美学乐园。

●图 1-12 潮玩空间

上海的X11是潮玩旗舰店，设计师以"X方舟"为主题，在末日废土中重新构建出一个先锋多元的二次元理想世界。这既是所有美好和向往的避难所，更是年轻人的造梦场。

（一）青年人消费心理

青年人多为商业空间中市场营销的主体消费对象。由于青年人头脑灵活、敢于挑战与冒险、热衷于新鲜事物和新奇体验，其消费心理特征主要是追求室内空间艺术形象的时尚和新颖。

1. 酷爱个性强烈的室内空间艺术形象（图 1-13）。由于青年人的自我意识日趋加强，多追求自由独立，喜好自我个性表达的空间，对平庸大众化、艺术形象平淡的空间缺乏消费欲望。

2. 喜爱情感张扬的室内空间艺术形象。受制于个体人生阅历限定，青年人在各类商业活动中容易因感性心态而产生消费行为。因而在选取室内空间艺术形象时，设计者要从造型、色彩、材质等方面激发青年人各自的空间情绪。

●图 1-13 深圳钟书阁

设计师将"时间"这一概念具象化地艺术呈现，庞大的螺旋阶梯书架侧卧于地面，以一道曲线的轨迹贯通整个空间内部。

（二）女性消费心理

女性消费心理是指女性消费者在消费时具有的一种心理状态。女性消费市场是一个潜力极大的广阔市场，其消费心理特征如下：

1. 消费的爱美心理。爱美之心，人皆有之。展现女性魅力是女性消费的共同关注点。她们注重空间艺术形象的视觉美，常常喜欢造型别出心裁、视觉富丽的空间场所。

2. 消费的情感心理。面对琳琅满目的商品，女性通常有着较强的感性消费倾向。女性在情感上比较容易受暗示，易受环境气氛的影响，室内空间艺术形象必须有效调动并尊重她们的情绪，让她们能够发挥购买的主动性与自信心。

3. 消费的冲动心理。许多女性顾客会在商场中进行社交娱乐或消磨时光，容易受到他人或营销广告的影响，空间艺术形象就需要针对女性的从众心理进行商品品牌化的视觉宣传（图1-14）。

●图1-14　伦敦新邦德LV旗舰店

店铺外立面运用紫色调的星爆状结构延伸发散，上面点缀着花朵和LV字母，构成标志性品牌。在空间内部，设计师利用穿孔的方式，使用类似茧的吊舱从天花板降下，丰富了视觉层次。

（三）中老年消费心理

中老年人群作为一类特殊的消费群体，有他们独特的消费心理特点：

（1）关注空间艺术形象的细节品质。由于中老年者多数情绪平和，明智冷静，并多以理性引导行为。因而他们在消费时目的明确，注重空间品质，且精打细算，还会根据室内空间艺术形象的导向详细比较。

（2）注重空间艺术形象的理性成分。中老年消费群在购物时具有怀旧和保守的心态，品牌忠诚度较高，多有自己的主见。室内空间艺术形象及其空间设计要能客观地呈现商品的内在品质，避免夸张促销宣传，应向他们"晓之以理"，而不仅仅"动之以情"。

（3）强调空间艺术形象的便捷引导。中老年人或因工作忙碌时间紧，或因其身体等原因行动艰难，所以在室内购物环境中，室内空间艺术形象的设计应当简明便捷，重点突出，以利于中老年人的行为活动。同时室内空间设施应该全面完善，注重无障碍设计（图1-15）。

●图1-15　东京商场 G.G MALL

设计以老年人为消费目标，G.G在日本专门指战后婴儿潮，即年龄已超过55岁的那代人。除了购物设置，其室内还铺了健步赛道，成为老年人的晨练场。

二、设计的价值取向

室内空间多层面的空间艺术形象创新应符合消费者心理需求，要顺应"多功能、自动化、绿色、健康"等消费观念的发展趋势（图1-16）。这既带动消费者审美走向和个性追求，又体现时代潮流和时尚动向，从而形成良性消费习惯和科学性消费方式。

●图1-16　Terra—可持续发展馆

这是2020年迪拜世博会的三大景点之一。因为人类社会发展需要寻求未来可持续生活的智能战略，展馆环境动态展示了可从阳光中吸纳能量、从潮湿的空气中捕获淡水等形式。

室内空间艺术形象设计需要构建具有记忆感、认同感、良好体验感的消费空间，注意避开消费者的心理忌讳。根据消费人群定位，给予空间个性鲜明的造型及色彩，由此刺激消费者产生购买欲望，实现购买行为。

在保证室内空间艺术形象的功能性、安全性、经济性、舒适性等标准下，其美观性、独特性、创意性等内容方面往往成为设计构思重点，相关评价标准如下：

一是完整性标准。室内环境首先要有完整的空间艺术形象满足不同人群的设计消费。

这让空间的艺术形式展现出明确清晰的逻辑秩序，呈现出统一规划的造型、色彩、肌理、工艺、格调等整体视觉效果。

二是创造性标准。家居与公共空间中需要有新颖的独创性艺术形象来推动销售，提升消费。这种艺术形象创新设计的各环节包括有空间中形象定位、造型构成、材质运用、色彩筛选、互动方式……从而给人以过目不忘的空间感受效果。

三是时代性标准。时代的观念濡染着每一位设计师和艺术家。空间艺术形象应体现为时代信息及相应观念的综合体，其设计价值涵盖了人本观、时空观、生态观、系统观、高科技观等。具体设计展示方法有：

（1）增强空间艺术形象外部环境的开放性，扩展内部组织的流动性、多变性和有机性。

（2）把握展品信息少而精的效果。

（3）平衡好统一色调形式下的"交互混响"关系，适当地使用无色彩系列。

（4）重视运用新产品、新材料、新技艺（图1-17）。如积极利用互联网信息技术、屏幕镜像技术及现代AI技术等成果。

（5）熟练运用软体材料，创造自由变幻的曲度空间，力求展现有机形态的空间环境。

●图1-17　迪拜未来博物馆
迪拜未来博物馆使用"参数化设计"构建模型，使空间造型有了更自由的表现。

　　四是行业性标准。不同类别商品有着差异性的空间功用，其制作也就有了设计行业的特定规范要求。如家具与布艺之间就有不同的行业工艺标准，根据标准所创造的室内空间艺术形象也会大相径庭。

　　五是文化性标准。凸显的风格和品位成为室内艺术形象设计的文化表现方向，而不同地域和民族的文化特征为设计的丰富呈现提供了多样的选择。

　　六是环境性标准。任何一个美的室内空间艺术形象存在都是在特定场所中实现的，其不仅要与周围环境在形式上达到"协同契合"，还需内容符合"可持续性"的生态美化要求（图1-18）。

●图1-18　韩国赫斯利九桥高尔夫俱乐部
其空间被包裹在一个由六角形的木格栅组成的屋顶构造之下。这不仅符合可持续发展的环保理念，还用现代的方式诠释了韩国传统文化中的施工方法。

第二章

悠辉厚彩显艺程：室内空间艺术形象的源流

第一节　中外室内空间艺术形象设计

在室内空间艺术形象设计表现中，顶棚、地面、墙面担任着重要的角色，它们一起决定着室内空间的基本氛围和整体色调，以及装修风格（图 2-1、图 2-2）。

●图 2-1　故宫乾清宫内殿

●图 2-2　巴黎卢浮宫室内主厅

一、顶棚的处理与装饰

顶棚，又名天花、天棚，是在建筑房屋内位于空间构成部分最上部的结构层，通常被分为中国古代、西方古代和现代三种顶棚类别。其在人的视域和实际装修面积中占比很大，会直接影响到人的视觉与心理感受，更能左右室内整体造型的环境意象和艺术风格。

（一）中国古代顶棚

中国古代顶棚一般可以分为软性顶棚、硬性顶棚、卷棚、藻井、彩画五类形式（表 2-1）：

1. 软性顶棚。中国古代顶棚有府第宫殿与百姓住宅之分，百姓住宅一般采用纸糊顶棚，用高粱秆札架作为骨架，后再在其上糊纸。府第宫殿的顶棚与平民住宅虽做法相似，但在工艺与规格上更为讲究，均用木顶格贴梁组成骨架，之后在骨架上裱糊，或绘各式花纹。这种顶棚外观平整、有着雅致的色调，给人亲切之感。

2. 硬性顶棚。这种顶棚是先用天花梁枋和支条搭制井字形框架，再钉上天花板。其一般被用在高大的空间内，并绘有团龙翔凤等图案，或饰精美雕刻，显得端庄而隆重。

3. 卷棚。其又被称作轩，是因屋顶前后两坡交界处不用正脊，而在室内顶棚形成弧形曲面形态。其造型带来的审美感受有一种文人书卷气，在南方民间建筑中较为常见。

4. 藻井。古代建筑室内顶棚中空并向上隆起，似口径朝下倒过来的"井"。"井"四壁饰有花纹，由榫卯累叠而成，结构复杂；其又如同头顶撑起的巨大华丽伞盖，视觉上着重突出中心位置，显得形象高大神圣。藻井在古代仅允许被用于帝王宝座上方或神庙之中。

5. 彩画。作为顶棚常用装饰手法之一，彩画在我国清代以前遗存较少。清代彩画大致可分三类：和玺彩画、旋子彩画、苏式彩画。

表 2-1 中国古代顶棚

软性顶棚	硬性顶棚	卷棚	藻井	彩画
故宫养心殿后殿西暖阁	北京雍和宫内景天花	北京颐和园长廊	故宫御花园千秋亭	故宫太和殿彩画

（二）西方古代顶棚

西方古代顶棚可分为三个历史阶段。

1.古埃及、古希腊与古罗马时代的顶棚

古埃及的室内空间艺术形象风格明艳华丽，富有象征性，其空间色彩以红、黄、绿色为主。除了用色调主导空间特征外，象形文字与绘画组成的壁画为顶棚装饰带来独特艺术视觉体验。如古埃及底比斯古城墓地中密布有神秘象形文字，整体形式与色彩的组合让内部空间的装饰丰富而华丽。

罗马建筑发明了穹顶结构，找到了券的更多可能性，还创造出具有视幻艺术特征的壁画方法。如罗马的万神庙穹顶（图 2-3），由五层渐次向内凹的方格结构组成，穹顶圆形天窗为室内唯一的光线来源处。这种开窗方式增强了空间内部的光线反差，更突出了室内"神"的气氛，成为古罗马时期时代精神的重要体现。

2.中世纪顶棚

中世纪顶棚可分为几种艺术风格。首先是拜占庭风格，拜占庭风格的室内空间是在古罗马时代的技术基础上发展起来的，巨大向上隆起的穹顶与精美的饰面是其典型特征。如土耳其的圣索菲亚大教堂，其内部大厅空间的上端为巨大的圆形穹顶（图 2-4），当日光照入位于穹顶基部下的一圈拱形窗时，人在室内向上看会有穹顶浮于空中的错觉。另外，哥特风格建筑将罗马的穹顶向上垂直提升为尖拱，其支撑系统由尖券、肋形拱、骨架券等组成。由此向上发展出的结构

●图 2-3 万神庙穹顶

●图 2-4 圣索菲亚大教堂穹顶

样式整体呈现高耸纤细，这让哥特时期室内
顶棚视觉艺术形式上有着较强的节奏韵律感
特征。交叉肋拱为空间高度增加提供了可能，
纤细挑高的细柱使空间轻盈而华丽，这仿佛
让人能达到因基督信仰而升华心灵的目的
（图2-5）。

●图2-5 意大利米兰大教堂内厅

3.文艺复兴、巴洛克、洛可可时期的顶棚

文艺复兴时期罗马穹顶再次回潮，鼎盛时期的室内顶棚装饰多是将精妙的油画作品绘
制其上，或在顶棚绘多幅画作，充满人文主义内涵。

巴洛克时期的室内顶棚色彩华丽，使用了丰富的曲线造型，结合了精美雕塑与装饰（图
2-6）。

洛可可时期顶棚装饰更是复杂而华丽，在形态元素上追求不对称，S形曲线、贝壳和漩
涡是常见形态。这种顶棚以弧面连贯顶棚与墙面，在转角之处设精美壁画，并与华美的雕
饰搭配起来，如一团迷雾在顶部空间相互穿插交织，融为一体，独具特色。

●图2-6 耶稣会教堂天顶

（三）现代顶棚

现代顶棚需将灯饰外观形式与灯光实际效果相结合来设计，能为室内空间艺术形象增加氛围感与表现力。现代顶棚包括连片式、分层式、立体式、悬空式四种样式（表2-2）。

表2-2 现代顶棚的不同类别

分类	具体做法及表现	适用场所	示例
连片式	将整个吊顶做成平直或弯曲的连续体。	层高较低或有较高清洁卫生和光反射要求的房间，如普通居室、教室、卫生间、写字间等。	
分层式	将吊顶局部降低或升高，构成不同形状、不同层次的小空间，利用错层来布置照明灯具、空调送回风口等设施。	适用于中型或大型室内空间，可以结合声、光、电、空调的要求，创造不同效果。如会议室、餐厅、舞厅、电影院、剧院、体育馆等。	
立体式	将整个吊顶按一定的规律或图形分块，制作成具有因凹凸变化而形成船形、锥形、箱形等外观的预制块体。	特别适用于大厅和有声学要求的房间，安装后使吊顶具有良好的韵律感和节奏感。	
悬空式	把杆件、板材和薄片挂在结构层下面，形成搁栅状、井格状或自由状的悬空层。上部光线通过悬挂件产生漫反射或光影交错。	适用于娱乐和有光学要求的房间，可产生照度均匀、柔和、富于变化的深度感。	

二、地面的处理与装饰

中国人特别讲究"仰观俯察"。中国古代会在地面铺设草席与兽毛纺织品，草席被叫作"筵"，兽毛地毯名为"地衣"。现代可应用于室内空间地面的材料极其丰富，面对不同功用需求，如何设计、选择、组合成为地面表现视觉效果的关键点。

为提升舒适感，通常在卧室铺设木地板与地毯；客厅多以大面积地砖装饰，美观且耐用；餐厨空间和卫生间地面可用防滑砖来提升安全性。除功能需求外，色彩配置的视觉审美关系也会影响地面装饰材料的形象取向。

室内主要的地面材料除了天然石材地面（包括花岗岩、大理石）、水泥板块地面（包括水磨石、混凝土），还有陶瓷板、木质、金属材质、钢化玻璃等制成的地面。这些材料各有特色，通过分析它们各自的优缺点更易于精准选材（表2-3）。

表2-3　室内主要地面材料

材料名	图片	主要优缺点
大理石		大理石有天然大理石和人工大理石之分，其坚固耐用、使用寿命长、化学性质稳定、具有良好的防腐蚀防水效果、具备天然美感，被广泛应用于室内空间。缺点是恒温性能、防滑性能较差，打扫时耗费更多的精力和时间，尤其是浅色的大理石更易附着污渍。
水磨石		水磨石是一种将石英石、玻璃、碎石等拌入水泥黏接料中后经打磨抛光制成的混凝土制品，水磨石施工有现场浇筑和预制板材两种。新型水磨石经过表皮处理以后，防尘防滑与大理石无异，不起尘不开裂不易磨损，洁净度高，美观性好。
陶瓷砖		瓷地砖是由黏土烧制而成的地面装饰材料，表面平整，质量较轻，耐磨耐压，防潮好，可适应大面积装饰。陶瓷地砖的种类较多，装饰性强，花色多样，能模仿天然石材的效果。
实木地板		实木地板使用原始木材，质量较轻，强度以及韧性性能满足多样需求，其木纹赏心悦目，缺点在于防水性能、耐腐蚀性差，且成本较高。干燥的实木地板还有良好的绝缘性能、隔音和隔热的作用。
金属		金属地面耐磨性强、污渍易清洗、抗冲击，适用于制造车间地面，还有着美观、环保、防滑、耐重压，使用年限长等多种特点。
钢化玻璃		钢化玻璃地面一般用于场景较为开阔的区域，为了使空间更通透或追求特殊艺术效果，也可用于户外景区。
地毯		地毯与地板不同，在颜色、纹理、图案、风格上都可以根据实际要求加工或选择。其优点在于保温效果极佳，防水防滑，维修保养都简单方便，但缺点在于容易发霉和生虫，发霉之后会产生异味。

三、墙面的处理与装饰

　　墙面所占面积大，又与人视线垂直，在室内空间中是视觉范围内最明显的组成部分。通常可将墙面分为两类：第一类是结构墙，又称为承重墙。第二类是隔墙、幕墙。其种类很多，如玻璃幕墙、可移动分隔墙、储物墙、半墙、支撑家具的墙、镂空墙……

　　在墙面处理和装饰中，石材纹理较为自然，且具有古典材料的韵味，多应用于背景墙、阳台等；木材质感亲切、纹理多样，多应用于卧室、餐厅等处；壁纸、壁布颜色种类丰富，不同线条、样式和风格能形成差异化的设计效果，并能借助色彩工艺提升整体室内装饰结构和墙面的立体感；涂抹型材料一般是工人现场施工，样式灵活可变，质地轻薄，色彩多样。

　　总的来说，室内空间艺术形象在顶棚、地面和墙面方面构思需注意以下原则：

　　首先是整体性装饰原则，要充分考虑三个界面的统一，需与环境协调一致（图2-7）。

　　其次是艺术性装饰原则，三个界面的形状划分、造型特点、饰面质感等和室内整体氛围有着密切关系，这为空间的主题意向和视觉形象风格打下了初步基础。

　　最后是合理性装饰原则，三类界面要尊重结构、施工以及物理性能的要求，达到经济、实用、美观需求上的平衡。

●图2-7　瑞士提契诺州的加尔道水桥内石材应用于各界面

第二节　丰富多元的中外室内空间风格

在中外悠久的造物活动发展历程中，人类通过实践累积出众多艺术形象物件。其在消费人群多种需求的推动下产生了异彩纷呈的空间艺术形象组合，形成各类约定俗成的风格流传于世。风格也因典型空间艺术形象表现而有了可传播的特色媒介形式，释放出独特艺术魅力。

一、东方地域中式风格

（一）中式风格的概述

1.中式风格的概念

悠久的中国文化为中式空间表现带来了深厚的底蕴。中式风格依时间大致分为古典中式与新中式两种风格。

皇室宫廷建筑与各异的民间建筑都是古典中式风格的典型代表，前者富丽堂皇、高贵华丽、雕梁绣柱，空间高大而威严；造型讲究对称，格调高雅；色彩讲究对比，浓重成熟；木料多作为主材，精雕细刻；装饰图案追求自然情趣，主要有龙凤龟狮、花鸟虫鱼等。明清两朝的建筑式样及室内家具陈设成为该风格的主体形象。中国传统的室内布局非常讲究空间的层次感，在优雅而庄重的氛围中，呈现东方人特有的舒缓意境（图2-8）。

新中式风格在保留中国传统美学精神的基础上体现为现代元素与传统风格的碰撞。它不是传统元素的堆积，而是在充分理解传统文化精神内涵，融入现代生活美学后，更适合现代人的一种生活方式（图2-9）。

●图2-8　苏州园林玉涵堂

●图2-9　苏州博物馆新馆

2.古典中式风格与新中式风格的差异

两者传承一脉，但它们立足不同时间点，适应不同的社会环境，成为不同时代下的产物（表2-4）。

表2-4　古典中式风格与新中式风格的不同之处

风格	成本造价不同	线条表现不同	吊顶形式不同	陈设物件不同	相关图片
古典中式	中式风格装修极其考究，雕梁画栋，精心布置，主要是木材与石材，花费成本高昂。	中式风格在建筑装修，以及家具上都会比较繁复精美，镂空雕刻的技艺让家具等陈设品的线条曲折多变，花纹精细。	中式风格在建筑形态上属于木结构房屋，屋顶横梁虽排列整齐，根根分明，但安装的高度一般较低，会产生一定的空间压迫感。	中式风格多红木、花梨木家具，如罗汉床、官帽椅、圈椅，较为厚重。灯具多为蜡烛与灯笼。	
新中式	新中式风格追求简洁舒适，基调明快，现代建筑材料层出不穷，与传统中式相比，成本不会特别高昂。	新中式风格在线条上更加简洁，不再着重于大量繁杂的雕刻，在奢华度上虽不如传统中式，但显得更流畅和富有设计感，虽复古怀旧，但不失清新现代的明朗之色。	新中式风格运用现代设计元素打造色调明快、简洁有力的现代吊顶，选用中式风格的吊灯、吸顶灯等灯饰，呈现出的空间更加宽阔，采光也更佳。	空间以实木加布艺的形式，更加舒适流畅。灯具多样。其突破古典中式风格沉稳有余，活力不足的弊端，更符合现代人审美。	

（二）中式风格的设计特点

当前中式风格的特点是优雅沉静，意蕴深厚。

古典中式风格在室内空间布置上沿袭传统，陈设装饰样式与色调上清雅含蓄、端庄丰华。整体以传统文化为设计元素，去粗取精，传递其形与神，使传统物件的设计表达更适合现代生活需求。

而新中式风格空间更为简洁，线条多硬朗，营造出移步换景的东方韵味。装饰手法多从中国古典园林中获得灵感，室内空间的视觉效果更加生动丰富。这就要求设计者在充分理解中国传统文化的基础上融合现代时尚的设计思维，使之融于一体。前者涉及中国的历史、地理、建筑园林、书画艺术、佛道儒、民俗风水等；后者包括近现代设计思潮及各国建筑、美术等文化内容，还需熟知现代生活的各项流程并敏锐把握流行的元素等。具体细节如下：

1. 空间讲究层次丰富。隔窗、屏风成为空间分割的主要用具，雕刻各类题材内容的实木门窗能强化视觉层次。用木条交错形成的方格形天花，再配上平整木板，让顶部层次更加清晰。

2. 陈设配置对称均衡。四平八稳的陈设组合空间在视觉效果上给人以稳定、和谐、统一的感觉，反映了中国社会的伦理观念。

3. 繁简适中井然有序。含蓄、内敛是中国文化精神的重要特质，在陈设艺术形象表现形式与手法上也追求一种委婉、内敛的品质。空间装饰表达适度，陈设物种类虽繁多，但制作精良，布局有道。

4. 文化典雅意境沉稳。中国古典陈设空间通过配饰字画、古玩、卷轴、盆景等精美工艺品，辅以木雕画壁挂，凸显出整体文化韵味。陈设空间的艺术形象强调生命的感觉，追求天人合一的理念，崇尚自然情趣，细节处有儒道佛家的影子抑或禅宗的意境（图2-10）。

●图2-10　苏州网师园室内陈设

（三）中式风格的设计要素

地道的中式风格是从空间形制开始的。宫殿、民居与园林是中式建筑空间的三种类型。具体中式风格的设计要素如下：

1.中式空间

围合院落式布局，不仅注重礼制，更有较强的装饰性。空间相当讲究"隔"与"断"，用"隔而不断"获得阴阳平衡、气场圆通。

2.中式家具

经过数千年传承，中式家具样式在如今仍具备较强的空间融合性。主要有供案、书案、画案；长桌、方桌、书桌；太师椅、官帽椅、圈椅；架子床、罗汉床；等等。

3.中式装饰

中国人含蓄内敛的气质可以在传统中式室内装饰中得到印证。较为多见的装饰图纹有蝙蝠、鹿、鱼、喜鹊、梅花。因"蝠、鹿、鱼"分别与"福、禄、余"同音，就有了福气、厚禄、有余的吉意。此外，带有隐喻意味的图案也是中式装饰的亮点，如岁寒三友、梅兰竹菊等。竹有"节"，寓意人应有"气节"，梅、松耐寒，寓意人应不畏强暴、不怕困难。如将这些植物生态特征放入装饰物件中，就传递出对人类崇高品行的赞颂之意。同样的，石榴可象征多子多孙；鸳鸯能寓意夫妻恩爱，松鹤多表达长寿永康。这是在长期的历史积淀中形成的艺术形象或图形，对应着世世代代人们约定俗成的特定文化含义，因蕴意深刻，而成为中国空间艺术风格的重要特征。

二、东方地域日式风格

被称为"城市隐居之所"的日式风格多用禅意无限的空间艺术形象让人们体会出清新与自然。

（一）日式风格的概述

日式风格又称和式风格，是东方别树一帜的风格代表，善于使用自然材料并突出物料的天然气质，追求怡然自得的生活趣味，因此，其室内装饰艺术形象亲和淡雅，宁静节制。在空间上其表现为"小、精、巧"的特点，强调空间功能划分中空间与物的关系，注重"意"的表达。明治维新后日式风格吸收了西方文化，"和洋并用"的现代日式风格产生。

由于日本是一个国土狭小、民族单一的国家，这种高度统一的文化特征使日本传统设计文化在形成和发展过程中呈现出独特优势（图2-11）。

这减少了外来文化过渡时的种种阻碍，便于外来的先进文化及时被日本各个社会阶层所理解和包容，并迅速发展成为全民的文化。如日本派遣唐使到中国学习交流，其生活习惯、艺术工艺、思想、信仰甚至语言文字等都受到深刻影响。

对外国先进文化的包容性

日本传统设计文化的优势

对传统文化的保存和发展

日本对外来文化的借鉴并不是简单的照搬和移植，在每一次文化交流中，日本文化的独特性仍得以保存，并在交融中发展出新的特色。比如公元12世纪（宋代）禅学由中国传入日本，其结合本土文化最终形成了有别于中国的日本禅宗。

●图2-11 日本传统设计文化的优势

（二）日式风格的特点

1.清新自然蕴含禅意

在禅宗思想的影响下，日本人大都喜爱非完整、非规则的美学特点，追求不对称布局，并以技艺完美为一切艺术的基础，形成了一种简朴、单纯、自然的文化特性。其遵照自然手法，以抽象表达具象；提炼空间精神，以简单形态传达丰富内涵。这逐渐产生了以柔和、内敛为主，重精神气质的独特空间艺术形象。"还淳反古、顺天致性"是日式风格视觉形象的核心。

2.讲究关联性和实用性

日式空间陈设非常注重物与物之间的关联性、物与空间之间的协调性。此外，物与空间组合所产生的"意"是反映空间精神意蕴的重要内容。家具造型简洁，重功能而轻装饰；空间注重利用性能，灵活多变。例如同一个空间，白天时，摆放一张桌子与几个坐垫就是客餐厅甚至书房；夜晚时，将卧具置于榻榻米上，空间功能就发生了转变。

3.运用天然环保材料

日本传统美学高度赞扬原始形式，刻意表现自然材料的本色，并对其进行精确打磨，以显示其独特的质地。和室材料天然低碳，原料来源于自然草木，体现出对自然的向往。

4.偏重原木及米色调

日式空间色调整体多为米色调，室内墙壁往往采用米白色，与原木的自然气质相和谐。空间软装饰品色彩多选择米黄色，材质多为棉麻，辅以雅致碎花，搭配竹、藤等天然材料形成朴质的自然格调（图2-12）。

5.独特的日式陈设

日式风格十分适用于小面积装修，榻榻米作为多功能家具，贯串房间的整体布局，有着会客休息等多种功能。日式传统装饰画与和式风格物品是日式独特陈设的主要组成部分，装饰画有浮世绘，即描绘日本自然风光及国民风土人情的风俗画（图2-13）；传统和式物品有日式鲤鱼旗、江户风铃、七福神、招财猫等。

●图2-12　熊本城本丸御殿室内
空间开阔，内部无过多陈设物品。用保留了原生质感的木材作为室内空间塑造的主材，在墙壁和屏风上绘制出山水木石等图案，表达了对自然的向往。

●图2-13　《神奈川冲浪里》
此为葛饰北斋（1760—1849）所绘《富岳三十六景》之一。

（三）日式风格与中式风格的渊源

日本的传统风格源于中国，深受中国传统文化的影响，导致日本的建筑、室内装饰陈设风格有许多与中国相类似的地方。比如在建筑材料上都以木材和石材为主，另外在空间氛围上日本与中国的室内陈设装饰风格都讲究人与自然的结合，这与两国共有的天人合一理念是一脉相承的。但由于日本与中国在地理上相对的隔绝，随着时间的推移及地理、气候、人文的不同，日本的室内空间形象逐渐发展成为独具日本地域特色的和式风格（表2-5）。

表2-5　中日风格的比较

	装饰区别	家具区别	色彩区别	陈设区别
中国	中国建筑采用框架结构，以墙体或隔扇分隔空间，并进行装饰。	中国人习惯使用高坐具，家具尺寸较为高大。	传统中式风格空间以黑、青、红、紫、金、蓝等色彩为主，其中以寓意吉祥、雍容的红色最具有代表性。	传统中式风格陈设物的品类复杂，形态丰富，精雕细琢，追求一种富丽堂皇的形态。
日本	日本房屋多采用木构架，室内空间多采用推拉门进行分割，做得轻便、易于采光，少有装饰。	日本人习惯使用低卧具，席地而坐，席地而居。家具尺度、视点等较低，空间相对较小。	通常和式风格空间色彩较为单纯，多以浅木本色为主，表面不加油饰，显得更加朴素、自然。	除皇室贵族空间外，和式之风极力追求一种空寂的意境。装饰风格更显朴素、精巧、简洁。

三、东方地域东南亚、印度风格

（一）东南亚风格

东南亚风格就是贴近东南亚地区的室内装饰风格。

1.东南亚风格的形成原因

该风格在设计界独树一帜的原因可归于两大特殊因素。

（1）特殊的地理位置和自然条件

有着"千岛之国"之称的东南亚各国基本都有着长长的海岸线，加上东南亚地区属于热带季风气候与热带雨林气候，植被种类丰富。因此室内陈设往往是就地取材，原汁原味，体现出一种淳朴、自然的热带风情（图2-14）。

（2）在文化上表现出兼容并蓄的独特魅力

东南亚是人口迁移大国，其设计文化在发展历程中融入了其他文明的色彩。东南亚文化早期受到古印度佛教文化的影响；其后，中国文化随郑和下西洋一起抵达东南亚，东南亚设计文化再次吸收了中式风格特点；近代，东南亚受到西方设计思潮冲击与影响，产生了更多元的变化。

其主要分两种呈现方式：一种带有中式风范，色系偏深；另一种在西方影响下则以浅色为主（图2-15）。总体呈现热情不失含蓄、妖娆而赋存奥秘、和煦与风烈融合的和谐意境。

2.东南亚风格的特点

（1）原汁原味的自然取材

热带地区丰饶多雨的特点，使陈设的材料也丰富多元。该风格色调多以原木色或褐色等深色系为主，土的朴实与木的天然之间搭配得相得益彰，鲜色布艺在空间中的恰当点缀，使环境氛围更显生动、活泼。

（2）斑斓高贵的色彩搭配

色彩归于自然也是该地域空间风格表现的独有艺术形象特质。由于南亚气候炎热润湿，为防止空间沉闷压迫，装饰上多用夸张绚烂的色彩冲破感官的压抑。比如色彩绚丽的泰丝，其光彩夺目、细润光滑，稳重中透着华贵。虽然东南亚风格空间的艺术形象在设计上用色大胆，但却蕴含放松意味，魅力中有神秘，和平中有激情，简单朴质与复杂多元并存，清新秀雅而不失妖媚艳丽。

（3）拙朴禅意的生态饰品

东南亚风格陈设饰品材质大多为藤、竹、柚、木。藤条与木片、竹条之间在制作时产生的宽窄、深浅变化形成了有趣的对比，表现出大自然的拙朴气质，同时也蕴藏着无数的禅机。另外，因受宗教氛围的影响，空间内常用色彩浓郁、艳丽的饰品点缀，比如大红色的漆器，金色、红色的脸谱、佛像、泰国象，这些独具视觉特色的饰品使空间呈现出浓厚的异域气息，同时也让空间弥漫着幽静的禅味意象。

（4）活跃氛围的布艺点缀

形式多样、色彩艳丽的布艺装饰点缀空间是东南亚空间艺术形象设计的重要表现手法。如深色家具配以艳丽装饰，浅色家具则选择浅色或补色，二者搭配不同，表现出或跳跃，或融洽的不同效果。

3.东南亚风格的空间艺术形象要素

首先，东南亚风格空间艺术形象设计主要取材于实木与藤，实木多为褐色或深褐色的柚木，藤制家具多以布艺装饰点缀，以直线表达为主，清新舒适、朴拙自然。

其次，陈设饰物常用有泰国抱枕、砂岩、黄铜制品、青铜器等，色彩多为中性色或对比色。颜色随光线的变化产生绚丽多彩的效果，表达出朦胧、神秘的异域风情（图2-16）。

最后，东南亚风情少不了自然绿植及鲜花的点缀，其中以热带大棕榈树及攀藤植物的视觉效果最佳，使空间整体艺术形象在造型、色彩、肌理上更加融合。

●图2-14　巴厘岛villa别墅

●图2-15　普吉岛万豪度假村酒店大堂

●图2-16　热烈的色彩与独特的纹饰让空间绚丽而神秘

（二）印度风格

地处热带的印度，其地域风格有着浓郁的民族气息与神秘的异域特征（图2-17）。色彩对比鲜艳，家具朴实，总体空间效果有主有次，层次分明，华丽的氛围主要靠布艺软装来体现。

1.印度风格的艺术特点

（1）色彩艳丽，热情奔放

印度作为一个热情浪漫的国度，性情中有着独特的热烈与张扬。在空间艺术形象上常以色彩对比的方法渲染氛围。如大面积红色墙面搭配蓝、黄、绿等色，形成视觉冲击力，在碰撞中带给空间丰富性与趣味性。居室家具及布艺运用华丽的色彩与异域风情的图腾配合，彰显印度风韵。

（2）取材质朴，表现丰富

印度家具用料非常朴实，一般以木质为主。家具通常会以彩绘修饰，图案丰富细腻，但表现手法略显粗犷；还特别喜欢雕刻，虽不精细，但有种古拙的味道。

（3）特色饰品，线条繁复

印度东北部的竹制品，如竹材编制的篮子、凳子、帘子是当地生活中不可缺少的一种材质。印度的手工编织地毯源于波斯，色彩华丽，饱和度高，多样的线条编出具有神秘感的古老图腾纹样。此外，印度陈设品中还有极具地域性的铜器、银器、木器等工艺品，往往成为室内空间艺术形象的亮点。

2.印度风格的构成方式

首先，典型的印度风格挂画和背景图案搭配，能使空间增添几分印度风格的味道。

其次，运用传统手工艺，能将典型的雕刻家具和竹制品或编织地毯等中的印度风格视觉特色表现出来，纯朴而自然。

再次，以特色饰品点缀，创造特色空间，如雕像，佛像和传统的古董等，装饰在空间中，凸显印度风格的神秘氛围。

最后，大面积运用红色带来的视觉冲击，巧妙搭配热情而绚丽的色彩，让空间更加浪漫和宽阔（图2-18）。

●图2-17 印度千柱庙

●图2-18 印度迈索尔皇宫

四、西方地域欧洲古典主义风格

如果说含蓄内敛、优雅端庄的东方地域室内传统空间艺术形象风格好比一位玄妙脱俗的感性佳人，那么西方地域欧式空间艺术形象就如同一位绅士，绽放出大胆、奔放、动感、理性的独特风采。

（一）欧洲风格发展概述

欧洲室内传统空间艺术形象的发展大致分为古典时期、中世纪时期、文艺复兴时期、巴洛克和洛可可时期以及新古典时期。一般而言，欧式空间的艺术形象通常借助古罗马、古希腊的经典建筑的融合发展，逐渐形成差异化的多样空间艺术风格。

1.古典时期

古希腊文化和古罗马文化是西方古典文化的组成部分。

（1）古希腊文化

作为欧洲文化的摇篮，古希腊文化所产生的空间艺术形象来源于人文主义、理想主义、理性主义三种理念，由此，支撑创立了平衡、鲜明、精炼的空间艺术作品评判标准。

该风格的室内多用山形墙及柱头等建筑细部构建，其中多立克式、爱奥尼式、科林斯式三种典型柱式的装饰有涡卷、竖琴、古瓶和花篮，充分表现优雅、理性、尊贵的视觉感觉。（表2-6）

表2-6　西方古典建筑的三种柱式

多立克式	爱奥尼式	科林斯式

（2）古罗马文化

古罗马文化是对古希腊文化的全面继承和发扬，并最终登上世界范围内奴隶制社会中建筑与装饰艺术成就的顶峰。

古罗马空间艺术形象的特征：穹顶结构与券柱的配合，一同营建出古罗马建筑独特的劲健、崇高、庄严的气魄。室内设计用壁龛、雕像等装饰墙面，配合帷幔织物，并以盆景花卉点缀凸显豪华贵气。室内壁画色彩绚丽、极具立体感。家具的种类丰富，表面用雕刻及镶嵌装饰，体现统治阶级威严特点。

2.中世纪时期

中世纪主要是指从古罗马帝国败落到文艺复兴起始的一千年间，此时期的建筑内部陈设华丽奢侈，镶嵌壁画在此时期快速发展，工艺繁琐复杂。精美的珐琅器物盛行在教会之间，织物陈设很发达，墙面、地面、家具蒙面织物的花纹呈现形象化、复杂化的特征。其典型代表风格是哥特式风格。

哥特式空间艺术形象的特征：教堂建筑受宗教影响极深，室内尖顶拱与彩绘玻璃营造出神秘的气氛。其浮雕状的几何形轮廓内，依据圣经对物件的释意装饰有繁复的藤蔓、花叶、根茎和几何图形。家具制造上，吸取了建筑上的元素符号，呈现纤细、尖锐、轻盈的造型特点（图 2-19）。

3. 文艺复兴时期

14—16 世纪，文艺复兴是欧洲地域的一场思想解放运动。

该时期空间艺术形象特征：建筑造型方面，将檐口板、半柱、拱门等古建筑符号以新的表现方式移植到室内环境中。陈设物件上吸收东方和哥特式的手法，装饰上追求华美富丽的效果，家具多不露结构件，运用细密描绘的手法强调表面雕饰，制作技艺精湛细致（图 2-20）。

4. 巴洛克与洛可可时期

巴洛克与洛可可时期的艺术成就在历史上占据着特殊的地位。巴洛克时期国王、君主与教皇、教会相互竞争，对豪华、壮观的追求蔚然成风。巴洛克空间艺术形象的特征：在装饰注重整体效果和谐的基础上，通过夸张与精湛的技艺集中装饰细部来表现富丽堂皇之感；纺织、挂毯、陶艺，以及金属、玻璃等材质的陈设物工艺制作突出；织物式皮革代替原来的装饰雕刻，不仅营造出华贵的感觉，更增加使用过程中的舒适性（图 2-21）。

洛可可空间艺术形象的特征：洛可可室内装饰以复杂的 C 形、S 形曲线为主，故意破坏对称，喜用镜子制造闪烁的效果，其具有造型华丽、纤巧、轻快的特点。家具造型曲线多变、精细纤巧，饰面采用织锦、刺绣包衬和色质光亮的油漆，相比巴洛克风格更为奢华、细腻。但后期因其形式在表现上过于极端让空间扭曲而比例失调，从而显得视觉体验感不佳（图 2-22）。

5. 新古典主义时期

大概从 18 世纪中叶开始，在法国皇室贵族倡导下，空间艺术形象开始简化，线条以直线为主，没有过分华丽的装饰，庄重和纯粹成为其主要特征。由于这种设计风格是针对古典主义风格的改造和发展，又可称之为新

●图 2-19　法国亚眠大教堂中殿

●图 2-20　圣彼得大教堂

●图 2-21　罗马耶稣会教堂
建于 1568—1602 年，是历史上第一个巴洛克建筑。

●图 2-22　法国凡尔赛宫
建于 17 世纪 60 年代至 18 世纪初，是典型的洛可可建筑。

古典主义风格（图2-23）。

与此同时欧洲大陆上还盛行对哥特式的怀念和对东方异国情调向往的浪漫主义；稍后还有折衷主义（或集仿主义），其强调任意组合历史上各个时期的风格，或是突破风格约束任意组合不同形式的陈设物形象。

●图2-23　埃斯特剧院
建于17世纪60年代至18世纪初，是典型的洛可可建筑。

（二）欧洲风格的设计要素

欧式风格从古希腊、古罗马文化中汲取艺术形式和题材，将其元素转化为符号，在室内既起到修饰作用，又起到一定的象征效果。其不只是豪华大气，更多的是惬意和浪漫。其设计要素特点见表2-7

表2-7　欧式风格的空间艺术形象设计要素

造型	材质	色彩	家具	配饰
用欧式线条勾勒出或华丽或典雅的不同造型。室内装饰除山形墙、檐板等建筑细部外，以涡卷、苔叶、竖琴、桂冠和花环等装饰为主，充分表现出优雅华贵的情调。	采用仿古地砖、欧式壁纸、大理石等，强调稳重、华贵与舒适。	运用明黄、米白等古典常用色来渲染空间氛围，营造出富丽堂皇的效果。白色、金色、黄色、暗红是欧式风格中常见的主色调，少量白色糅合，使色彩明亮大方。	欧洲古典风格的家具用色浓郁，强调高光和高对比度，表面一般上光处理，装饰线条繁复华丽，给人雍容富贵之感。	华丽、明亮的色彩，配以精美的造型达到华贵的装饰效果。局部点缀绿植鲜花，营造出自然舒适的氛围。

（三）新古典主义的改良

新古典主义不是完全对传统古典主义进行复制，它虽然也是崇敬自然、追求真实、并复兴古代的艺术式样，但却能营造出一种特有的磅礴厚重、优雅与大气的视觉体验。

新古典主义在材质选择、色彩组合上保留了古典主义的大致风格，高雅而和谐；不再采用复杂的纹理装饰，转而简化线条；注重线条间的交织拼接，形成不同的图案，营造优雅的节奏感。其次，新古典主义风格在室内装饰中加入了石雕和家具，其线型和雕刻摒弃了洛可可式的圆曲形状，线条偏向简洁硬朗。

可以说，新古典主义不仅将古典繁复的装饰去粗取精、简洁处理，并为简化的造型赋上现代材料，使其呈现一番新样貌，体现了后工业时代的审美趣味和生活追求（图2-24）。

●图2-24　柏林宫廷剧院
普鲁士国王腓特烈二世时代建造，1951—1955年被重建。现为柏林德国歌剧院。

五、西方地域美式田园风格

美式田园风格又叫美式乡村风格，属于自然风格的一种，在倡导"回归自然"中，田园风格在美学上推崇自然、结合自然，力求表现悠闲、舒畅、自然的田园生活情趣，也常运用天然木、石、藤、竹等材质质朴的纹理，并巧妙设置室内绿化，营造自然、简朴、高雅的氛围。

（一）美式田园风格的发展

18世纪时，前往美洲的拓荒者将英法两国的田园气息与美国朴素的牛仔精神相结合，逐渐形成最初的美式乡村风格。当美国自由开放精神和美国牛仔情结被融入美式田园风格的设计内涵和思想中时，就能影射出移民者朴素勤劳的品质和开放好客的习性。这种田园精神的独特内涵直接影响室内装饰，自然淳朴，也更适合人们的日常生活。一般来说，此类风格的房子很宽敞，也会有前后花园，适合不同年龄段的人（图2-25）。

图2-25　室内呈现清新自然的田园特征

（二）美式田园风格的特征

1.整体氛围

美式田园风格以舒适悠闲为导向，强调"回归自然"，其整体装修效果能让人感觉到朴实、亲切和实在（图2-26）。英式田园风格与美式田园风格在墙壁的图案装饰设计上都比较具象，前者墙壁图案常选择一些小而细的花色，后者则与之相反，不规则的大花成为其明显的标志。

2.装饰效果

美式田园风家装的装饰用品主要是布艺品，因为棉麻材质的天然质感能与乡村风格很好地协调，比如棉麻沙发垫、棉麻画布等等。在装饰物上多采用大花卉或者小鸟等具有乡村自然特征的元素来装饰窗帘、沙发、墙纸等陈设品，神态生动逼真，成为田园风格的一大特色（图2-27）。除此之外，也会用一些具有历史情怀的装饰品，比如壁炉和铁艺灯饰。

●图2-26　美式田园氛围

3.色彩搭配

色彩格调清婉惬意，多以原木自然色为

●图2-27　田园居室空间一角

●图2-28　田园风格的餐厅

●图2-29　室内弥漫着安详朴实的悠闲气息

主，同时还会运用白色、淡绿色、淡黄色、红色等颜色作为搭配。选择颜色厚重的仿旧漆家具，体现了怀旧意识。带有质朴泥土气息的色彩经常成为墙面颜色首选，酒红、墨绿、褐色为最常用色彩。

4.家具样式

美式田园风的家具特点主要有：造型简单明快，功能实用，材质多选用天然材质，颜色多是单一色漆。材质多以带树瘤的松木或枫木为主，体积庞大，质地厚重。家具往往不会过多雕刻，甚至做成旧家具，创造出一种古朴的纹理质感（图2-28）。美式田园风格将此前欧洲皇室贵族家具普及化，带给人极大的舒适性和放松感。手绘家具多用优雅的石板色和古味十足的白色，结合涂鸦图案表现乡村自由风情。

5.陈饰物件

异域情趣的饰品、摇椅、碎花布、铁艺等都是乡村风格不可缺少的物件。摆放植物需掌握好房屋的空间结构，注意层次感，以达到全局协调的效果。铁艺装饰在打破家居空间枯燥性的同时，还为空间加入浑厚的质感美，如铁艺装饰灯具、铸铁柱、栏杆等。而壁炉不仅能保证采暖的功用，更成为展示美式田园风格的标识物，意趣盎然。

自由和怀古是美式田园空间风格的设计核心，通常使用大量的石材和木饰面装饰，用各种仿旧工艺顺应流行仿古风潮。在家居空间中，客厅一般风格简约，通透敞亮，还会摆上仿古艺术品，以增强历史感。厨房多为开放式，用仿古砖装饰墙面，橱柜门板常用实木或仿木制成。卧室氛围温馨，多装饰温暖亲和的布艺。书房注重实用性，常设置与主人有关的陈设摆件，如年代久远的航海图，用旧的鹅毛笔，翻旧的书籍……客厅紧邻餐厅，内部包括多样的室内绿化、独具风韵的灯饰、仿旧花器、装饰画等（图2-29）。

美式田园风格具有很强的包容性，融合了英法意等不同地域风格的精髓，空间体现出美式多民族特征。一是空间简洁雅致，无过多装饰；二是空间开敞，悠闲明朗。

六、西方地域地中海风格

（一）地中海风格的概述

地中海风格是类海洋装饰风格的典型代表，其得名于地中海浓郁的人文风情和显著的地域特征。地中海风格自由奔放，五彩缤纷。作为自古以来就非常重要的贸易中心，地中海地区一直是希腊、罗马、波斯和基督教等古代文明产生及演进的摇篮。该风格沿袭了古希腊与古罗马在古典建筑美学上的诸多特征，如室内空间多用古罗马建筑主题的高低拱、柱头、穹顶等。在空间细节的处理上，它不仅有格外细腻的视觉呈现，而且能贴近自然脉搏，让环境各物象更具生命力。

（二）地中海风格的特征

地中海风格的建筑好似从大地和山坡上涌现出来，其造型、色彩、材质与自然和谐共存。室内设计多以舒适宜人的海边生活体验为基础，很少有华而不实的刻板装饰。虽然地中海周边众多国家的民俗风情千差万别，但独特的气候特征仍然使得各个国家的室内空间艺术形象呈现出大体一致的特征，让人处处体验生活的悠闲。

首先，地中海风格的自由精神内涵借助一系列开放透明的建筑语言得以表达。栈桥状阳台，开放式房间，自由随意的线条增强了空间的视觉连贯性；连续的拱门、马蹄窗等装饰环境的同时，也体现空间的视野通透性（图2-30）。

其次，为了表现憧憬自然、亲近自然、感受自然的生活情趣，该风格多用天然的材料来塑造空间，有海蓝色的屋瓦和门窗，吊顶用木制假梁来进行装饰，地面为纹理感比较强的土黄色仿古砖，墙面有凹凸不平的质感。摆件多为木质、藤制手工品。

再次，室内以海洋蓝为基色调，不规则的白墙巧妙运用的自然光与布艺交相呼应，再配上爬藤类植物与绿色盆栽，一起打造出富有流线及梦幻色彩的浪漫空间。

最后，室内常用造型轻松、体感舒畅的家具来强化地中海风格的闲适气息。各类实木家具颜色以白色、浅黄色、浅蓝色居多，这样可以起到暖化蓝白色调空间的作用，并使冷中有暖，而不会让人感到压抑。

因此，洒脱自然、悠闲浪漫是地中海风格的灵魂。艳阳高照下的海天一色呈现出地中海风格特有的风情浪漫，映射出迷人的人文情怀和艺术气质。

●图2-30　空间采用蓝白配色，清新通透，连续的马蹄窗增强了空间的连贯性和统一性。

（三）地中海风格的类型

地中海风格分为希腊地中海风格、西班牙地中海风格、南意大利地中海风格、北非地中海风格、法国地中海风格。

（1）希腊地中海风格的空间艺术形象给人浪漫渔村、海滩、海天一片的印象，空间中有流畅的线条造型，有朴实大地色的仿古地砖，有来自大自然的小麦色的硅藻泥装饰墙面等，均凸显特有的民族性（图2-31）。

（2）西班牙地中海风格的空间艺术形象受基督教文化和穆斯林文化的渗透影响，在融合中形成了多元、神秘和奇异的西班牙文化特征，其造型大方，色彩柔美，装饰线配置简洁，流露出一种古老且肃穆的文明气息。

（3）南意大利地中海风格的空间艺术形象钟情于阳光的味道和纯美视觉的色彩组合。南意大利的金黄色向日葵花田，加上马赛克与铁艺装饰一起给人细致华丽的美妙（图2-32）。

（4）北非地中海风格的空间艺术形象因北非终年少雨、艳阳高照的气候特点，室内多有沙漠及岩石的土黄和红褐。而盛产的灰岩、盛行的手工品、蓝天碧海、开放式的草地、精修的乔灌等让空间简单却明亮、大胆、丰厚。

（5）法国地中海风格的空间艺术形象强调设计中灵魂的自然回归。在开放的空间结构中，鲜花和绿植，精雕细刻的生活用具等相互融合……从整体上营造出一种田园之气。

●图2-31 舒适而惬意的室内外过渡空间

●图2-32 温暖热情的华丽空间

（四）地中海风格的表现

1.营造通透的空间与丰富的形式

地中海风格空间视觉表现分别在室内吊顶、门窗、过道、阳台、电视背景墙等上有着独特的地域亮点。在天花板方面，石膏板主要用于制作一些规则的形状，并用光滑的石膏线装饰，或使用木制假梁。在门窗设计上多使用马蹄状的造型、拱门与半拱门。这不仅强化了该风格的典型装饰效果，更增加室内空间的视觉通透感。过道墙面上多使用木材或石膏线条进行装饰，造型简洁流畅。阳台多使用大面积的落地窗实现良好的采光效果，用仿古墙砖装饰取得视觉观赏效果。电视背景墙则常用半凿空或部分突出的造型方式表现出圆拱或马蹄形，并以深色仿古墙砖拼贴来增强装饰效果（图3-33）。

2.搭配浪漫的色彩与和谐的表现

地中海风格空间艺术形象有着多样的色彩搭配组合方式。典型的地中海风格配色是蓝加白，常用在墙面或家具的色彩处理上。在西欧，浅蓝色墙壁和白色百叶窗的结合充满了浪漫情怀。贝壳与细沙、小卵石、马赛克，配上金、银、铁制成的金属器皿所展现的墙壁，能充分烘托出蓝白两色的对比关系。

来自地中海沿岸沙漠和岩石的土黄及红褐，混合北非植物的深红、靛蓝、黄铜，可带给人一种大地般的浩瀚之感。其主要用于客厅地砖、卧室的实木地板及卫生间的防滑砖，带有复古和自然气息。

黄蓝紫绿在地中海风格的色彩搭配中也较为多见，金色的土地上有南意大利的向日葵、南法的薰衣草花田，蓝色和紫色的花朵和绿叶相互补充，形成一个浪漫的色彩组合，多用在布艺织物装饰上。

3.配置丰富的陈设与浓郁的风情

地中海风格在陈设物形象的选择上也有其独特之处。木材家具的造型要求线条简洁且造型浑圆，多采用浅蓝色、土黄色、白色等低彩度的颜色。将马赛克以镶嵌的方式拼于仿古砖上是地面铺装常见的处理方式，而利用小石子、贝壳、玻璃片、瓷片等素材打散构成重新创作，也可拼贴出新意（图2-34）。工艺品多选取与海洋文化相关的摆件，如：帆船模型、海员陶塑、灯塔雕塑等。绿化方面，室内绿植以藤类和水生类为主。

●图2-33　室内通透空间形式

●图2-34　天然石材成为室内墙面的"亮点"

七、其他地域室内传统风格

（一）伊斯兰风格

伊斯兰风格主要产生于亚洲的西部，在吸收东西方风格的基础上形成了独特的室内空间艺术形象特点。室内装饰是以大面积的图案来呈现的，空间形象中不仅有夯土墙、土坯砖、烧砖，还包括各种器具，它们的造型普遍使用形式多样的券和穹顶，如马蹄券、火焰形券、花瓣形券、双圆心尖券等。伊斯兰装饰艺术还包括多个分支，包括波斯风格、北非柏柏尔、土耳其风格、阿拉伯风格等。阿拉伯风格的线条显得简洁粗犷，如伊拉克萨马拉大清真寺。波斯装饰虽细致繁复，但更规范，如代表作伊斯法罕清真大寺（图2-35）。中亚、中国新疆的装饰多受波斯的影响。柏柏尔风格，又称安达卢西亚风格，如阿尔汗布拉宫建筑（图2-36）。由于地理和历史因素，土耳其的装饰结合了巴尔干和希腊的因素，主要集中在巨石建筑上。相应的空间艺术形象具体表现为以下几个方面：

在造型方面，室内墙体常用各式纹样大面积堆砌或贴石膏浮雕做装饰；门窗上，多有透雕花卉；在家具方面，因人们喜盘坐，家具尺寸是根据盘腿坐的高度进行设置；织金是伊斯兰地区的代表织物，常用在壁毯、地毯、窗帘上。

在材质方面，室内常用彩色玻璃面砖镶嵌。并使用很多代表着生命与时节的植物图案面砖，加上绚丽的色彩，独具异域风情。

在色彩方面，装饰通常偏爱黑白色、蓝色和绿色为主的宗教色彩，其室内色彩的运用纯粹自然、对比华丽，有强烈跳跃之感。

在纹样方面，伊斯兰风格独具匠心，堪称世界纹样之首，在形式上有想象空间大、连贯和集中的特点。其主要包括蓝色调或绿色调的几何纹样、阿拉伯书法或植物纹样等元素，这些元素可重叠、相互交错、组合或分离，样式多变。

●图2-35 伊斯法罕清真大寺

●图2-36 阿尔罕布拉宫内景

（二）埃及风格

古埃及是人类最早的文明发祥地之一，其风格在世界装饰艺术中独具特色，主要表现在陵墓、庙宇、宫殿等建筑装饰上，这与古埃及独特的地理环境、宗教信仰和审美心理直接相关。它拥有"万物有灵""象征性"和"程式化"的设计特点，体现了神秘的宗教氛围和庄严典雅的写实主义风格。具体表现在以下几个方面。

在色彩方面，民间植物染料染制的织物色彩艳丽，配上传统神圣的黄金色和美丽的天青石色，使空间整体色彩显得浓重。

在造型方面，由于古埃及人对动物的崇拜，多采用动物或人兽合体的形态。浮雕壁画绘制有着明显的程式化特点（图2-37）。

在材料方面，石材多为主材。例如，埃及风格的石柱柱体高大挺拔。其柱头像盛开的纸莎草花；其中间部分有线槽、象形文字、浮雕等；下部有一个柱础盘，古老而庄重。

●图2-37　埃及神庙浮雕壁画

在家具方面，其造型严整，形式简洁。家具脚部常采用牛蹄、狮爪等兽腿式样的雕刻装饰。家具表面或油漆，或彩绘植物和几何图案，或用彩釉陶片、螺钿和象牙做镶嵌，或用织物的蒙盖进行装饰。

（三）波希米亚风格

波希米亚多为豪放的吉卜赛人的聚集地，意指行事自由，随意生活的地方。由于波希米亚人在世界许多地方都曾留下脚印，其风格自然受多种地域的影响：印度的刺绣亮片、西班牙的叠层波浪裙、摩洛哥手工流苏挂毯和北非的珠串都能在波希米亚风格中找到。异域的清新感也符合混搭各种元素的潮流。

在装饰方面，该风格喜艳丽手工装饰与粗犷厚重的面料。窗帘面料主要由天然花卉、配色自然的条纹或纯白纱制成，结合简洁款式呈现自然与清新。分层相叠的蕾丝、蜡染印花、皮质流苏、手工绳结、刺绣和成串的珠玉是波希米亚风格的经典元素。泛白的布饰、灰陶器、仿古砖、故意做旧的木艺，一起展现最原始的蓬勃生命力（图2-38）。

●图2-38　充满波希米亚风情的陈设空间

在色彩和材质方面，提倡无拘束、放荡不羁和叛逆精神，这种浓烈的色彩、繁密的布局，让人感受到强劲而神秘的视觉冲击力。

在家具方面，复古多为主调。藤编椅以镂空形式来凸显古雅造型。木制家具多保留木材本身的肌理并饰有光泽材料，以繁复的图案营造出了浓郁的历史厚重感，色彩搭配明亮，大量的异域元素被用来表现自由感和异域风情。

波希米亚风格彰显了一种浪漫化、民俗化、自由化的生活景象，将恣意洒脱、热情洋溢的精神追求表现得淋漓尽致。

（四）非洲风格

非洲室内空间艺术形象非常有特色，细腻和张扬并存，庄园或土著茅舍的典型房屋构造是茅草圆顶式，圆拱、方形门楣是很普遍的装饰元素。室内色调会偏向重色调，稳重耐脏。

在家具方面，善用大块木料，造型大胆、体积粗犷，简洁有力地体现沉稳威严的气势。

在装饰方面，常见的有流苏、黑白条纹、符号、彩色的编织产品、羽毛、亚麻、草制品，以及木雕艺术品。

在材料方面，南非物产资源种类丰富多样，家居装饰和搭配用牛角、牛皮、鸵鸟皮、象牙等材料，其在陶艺、马赛克等工艺品的制作上也很精致，独特而又温馨。

非洲传统艺术作品的灵感基本都源于大自然，陈设风格的人文内涵让人在精神上与大自然紧密相联。（图2-39）

●图2-39　几何图案的搭配与热情浓郁的色调相得益彰，凸显了非洲地域的强烈民族气息

（五）墨西哥风格

墨西哥风格粗犷洒脱，异域气息浓厚，同时表现出和谐统一、安静质朴的气质。标志性元素是传统螺旋式楼梯、直线和纯色、殖民时期的家具和印第安特色的饰品。

在色彩方面，因喜用纯色而显艳丽，蓝色和黄色的搭配是墨西哥典型样式。看起来五花八门的颜色衬托着繁杂粗糙的物品，体现出浑然天成的和谐与原始生命力。

在纹样方面，受殖民因素影响，羊毛、染料和简洁条纹图案成为印第安原住民织物的特色。后来又从大自然汲取灵感，创造出千变万化的抽象图纹，形成了独特的编织风格。典型的印第安图案构成在造型上多用三角形和菱形重复排列，并穿插条纹等搭配装饰（图2-40）。

从上面五类风格的比较中，可以看出文化是空间艺术形象的灵魂，陈设是文化的外在体现。空间艺术形象设计只有扎根于地域文化的土壤中，才能创造出浓浓的富有民族地域气息的文化空间。

●图2-40　螺旋楼梯与精致墨西哥风格图案的搭配使空间明亮而层次多样

八、现代设计风格

（一）现代设计风格发展背景

19世纪初，繁丽浮夸、精致华美的工艺风格依旧盛行，尤以维多利亚时期为甚。这个时期占据主导风格地位的有英国的哥特式复兴风格、法国的"第二帝国"风格以及美国混杂前面二者的折衷主义风格。此外，"旧"风格也多以"新"与"复兴"的面貌出现。至19世纪中叶以后，"工艺美术"运动等艺术革新运动的发生引出了现代设计，艺术革新运动中的设计先驱推翻了以皇权为中心的设计理念，倡导手工艺设计应恢复自然。

促成的因素主要有两个方面，一方面是由于早期世界博览会的促进作用。19世纪后期为展示工业产品成就，欧洲和美国举办了一系列世界博览会，促进了新型建筑形式及技术的普及与发展。如1851年伦敦"水晶宫"（图2-41）、1889年"巴黎世界博览会"、1893年"世界哥伦比亚博览会"等。另一方面是因为专利制度对于现代风格的促进因素，如1769年瓦特蒸汽机、1876年贝尔电话、1880年爱迪生白炽灯泡等专利的申请。专利法在西方已经有相当悠久的历史，有效促使工业产品的门类、品种极大地丰富起来。（图2-42）

●图2-41　水晶宫内景

●图2-42　1851年英国银匠约瑟夫·安格尔设计的酒具

1."工艺美术"运动概述

工艺美术运动是历史上首次大规模的艺术革新运动，领导者是约翰·拉斯金和威廉·莫里斯，起源于19世纪50年代的英国，后来扩散至整个欧洲和北美，对建筑与家具、纺织品和平面设计都产生了深刻影响。为了抵抗工业化风暴对传统建筑及手工业的冲击，该设计运动宣扬民主理念，提升手工艺工匠地位，并通过提高生活用品设计标准来提升民众生活水平。

（1）英国的"工艺美术"运动

在家具设计方面，查尔斯·沃赛设计的家具使用清新、质朴的图案，因大部分采用橡木而更显朴实无华。巴里·斯各特的设计强调建筑、室内和家具必须整合，家具摒弃过分的雕饰及细节，以凸出的线条绘制动植物纹样。查尔斯·罗伯特·阿什比的设计则关注造型与细节的适度性对产品的影响。

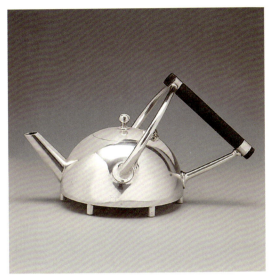

●图2-43　克里斯多夫·德莱赛1879年设计的茶壶
●图2-44　桶状椅

在日用陶瓷设计方面，克里斯多夫·德莱赛设计的金属制品（图2-43），采用了比较现代的几何形态，相当清晰地表现出减少主义的趋向。这体现出了三个设计原则：即真诚——反对使用仿制材料，美丽——设计上永恒的完美，力量——在装饰中显示出韧性、能量以及力度。其代表作有1880年设计的一套几何形体的盖碗和瓢，简洁而典雅。

（2）美国的"工艺美术"运动

美国的"工艺美术"运动最先发生在波士顿，与英国不同的是，美国并没有明确提出统一的设计哲学。美国"工艺美术"运动通常而言受两方面因素影响：一方面是大众出版物起到推波助澜的作用，当时出版的《手工艺人》《美丽的家》《女士居家杂志》等期刊，通过刊登图片、提供室内空间艺术形象建议（包括颜色的选用、家具的搭配、地毯窗帘等织物和陶瓷玻璃器皿的挑选）等多种方式进行传播；另一方面是受到美洲大陆原始印第安文化的影响，19世纪末20世纪初，美国印第安人的手工艺品和纺织品一度成为时尚。

由于美国幅员辽阔，国内各区域间风格形成较大差异，运动风格也呈多样化特征。美国"工艺美术"运动将侧重点放在典雅的装饰上，装饰细节偏向东方风格，与英国工艺美术运动相比，很少强调中世纪风格。

在家具设计方面，弗兰克·劳埃德·赖特不仅重视纵横线条给家具带来的装饰效果，更在意家具与室内空间的协调关系（图2-44）。查尔斯·罗赫尔福斯的"艺术家具"创造出一种自由流畅、高度戏剧化的独特风格。

格林兄弟和古斯塔夫·斯提格利设计的建筑和家具采用所谓的"装饰性地运用功能性构件"方法。前者设计的家具大多以硬木为材料，强调突出木材本身的颜色和纹理，造型朴实，装饰典雅。而后者相比于前者，更富雅致，带有鲜明的东方特色。

随着白炽灯泡的发明，灯具的设计成了美国"工艺美术"运动中的一个重要项目。德克·凡·伊尔普用铜片和云母制作的台灯，不添加任何颜料或附加装饰，使产品富有天然的美感。

2."新艺术"运动概述

"新艺术"运动发生于19世纪末20世纪初的欧洲。其影响波及范围广大，席卷了大部分欧洲大陆国家，波及英国和美国。该运动内容包含广泛，建筑、产品、家具、服饰、平面、雕塑、绘画等均在其影响范围内。直至第一次世界大战发生，"新艺术"运动逐渐退潮。如西班牙建筑师安东尼·高迪1905设计的米拉公寓、建于1882年的圣家族大教堂（图2-45）等。"新艺术"运动与19世纪热衷的各种历史风格复兴分道扬镳，为20世纪的设计，尤其是应用美术的设计打下一个新的形式基础。

●图2-45 圣家族大教堂

虽然"新艺术"运动中掺杂了许多地域性的因素，但整体而言，"新艺术"运动风格空间艺术形象的特点还是非常明显的。生动的、起伏绵延的曲线成为"新艺术"运动风格的一个显著艺术形象特点。当然也有用直线为主要装饰手法的设计师，如查尔斯·麦金托什设计的高背椅（图2-46）和约瑟夫·霍夫曼设计的机器座椅（图2-47），其作品的设计理念在20世纪的建筑中产生了深远影响。

"新艺术运动"在空间艺术形象表现上的特点如下：

在装饰方面，通常使用风格化的树叶和昆虫造型，线条形状与流动的轮廓融为一体，表面以浅浮雕为装饰，且刻意采用不对称的形式。

在色彩方面，柔和的色彩较为常用，如浅红、淡紫、嫩绿等。

●图2-46 高背椅

在材料方面，选择各种材料，包括丝绸、天鹅绒、果树、半宝石和金属，甚至作为工业用途的钢铁和玻璃也被赋予了新的美学价值。

综上所述，"工艺美术"运动与"新艺术"运动兴起的本身，反映出一个新旧交替时期的过渡阶段特点，预示着现代主义即将到来。

●图2-47 机器座椅

（二）现代设计风格

从现代设计的发展历程和风格流派中，可找到探索人类多元化空间艺术形象需求的多样创新实践方式。

1.包豪斯

1919 年成立的包豪斯学院是第一所专为设计教育而创办的学院，现代风格即起源于此。它经过十多年的努力，集中了 20 世纪初欧洲设计探索的最新成果，成为欧洲现代主义设计运动的中心。

包豪斯强调在设计创作活动中以认识活动为主，客观地对待现实世界，反对复古主义倾向。首先，包豪斯学派提倡统筹艺术与技术的关系；其次，包豪斯学派将设计目的从产品转移到功能上来；最后，设计须遵循自然客观的原则。

在陈设产品的形象方面，美观、高效、经济三原则已成为家具、灯具、陶器、纺织品、厨具等工业日用品的设计标准方向。这不仅开创了现代工业设计方法，更为现代主义工业产品设计的面貌奠定了基础（图 2-48）。

●图 2-48 瓦西里椅子，包豪斯设计的经典作品

2.俄国构成主义设计运动

俄国构成主义设计是由一小批前卫的知识分子和艺术家于十月革命胜利前后发起的一场前卫艺术与设计运动。俄国构成主义者将结构作为建筑设计的起点。这种以结构为中心进行理性表达的立场已成为世界现代建筑的基本原则。其代表性方案有 1920 年塔特林（Vladimir Tatlin）设计的第三国际纪念塔（图 2-49）。

3.荷兰"风格派"运动

"风格派"于 1917 年正式成立后随即成为欧洲的前卫艺术先锋。"风格派"在形式上反对个性，主张用纯粹的几何形抽象地表现人追求的内在精神。它体现的简单几何形状、立体主义和理性主义的形式结构特征，

●图 2-49 第三国际纪念塔

作为继二战之后国际主义风格的标准符号影响广泛。在色彩方面，物象被极度简化为自身特色元素，再配上三原色和黑、白、灰。造型方面多以平面、直线和矩形组合构成。里特·维尔德，将蒙德里安的绘画立体化，把"风格派"艺术由平面扩展到了三度空间，其代表作有：红蓝椅（图2-50）与乌德勒支住宅室内设计，这都是通过简洁的基本形式和三原色创造出美观与功能兼备的空间艺术形象作品。

●图2-50　红蓝椅

4."装饰艺术"运动

"装饰艺术"运动作为一场国际性设计运动，与现代主义运动几乎是同时开展的，二者的产生动机和所代表的意识形态大相径庭。影响"装饰艺术"运动发展的主要因素有：古埃及装饰艺术、原始艺术、异域风情、古典艺术"新艺术"运动、前卫艺术、汽车设计、舞台艺术，以及大型国际展览。它主张简单的几何形态美、机械化的美，设计服务于工业化生产的产品，因此具有更加积极的时代意义。

在造型上，"装饰艺术"风格大多采用长方形结构，以几何方式衔接，再用曲线的装饰元素令这些"方块"生动起来。重复连续的装饰元素，便于机械加工和批量化生产。在纹样装饰上，与"新艺术"运动中大量采用的天然植物曲折缠绵的纹样不同，其风格多用几何元素，地面也常用几何拼花地板、几何图案的地砖、地毯。

在色彩上，特别重视使用强视觉冲击力的原色和金属色系。在材料上，"装饰艺术"风格实际上是奢侈富贵、雅趣别致的生活形态反映，后期设计师们采用新材料和技术，创造了更多样的空间艺术形式及其美学价值（图2-51）。

●图2-51　克莱斯勒大厦内景

5."国际主义"风格

二战结束以后，"国际主义"风格席卷欧美，带有浓重的美式商业符号色彩，成为西方国家设计的主要风格。它改变了世界建筑的基本形式，也改变了城市的样貌，如由密斯·凡德罗和菲利普·约翰逊设计的西格拉姆大厦（图2-52）。除了建筑以外，"国际主义"风格同时还影响到产品、室内、平面等其他设计领域。

"国际主义"风格以密斯·凡德罗主张的"少就是多"原则为中心，同时衍生出粗野主义、典雅主义、有机功能主义等风格。全无装饰，强调直线、干练、简单到无以复加的"密斯主义"重新定义了几乎全世界各大都市的天际线。"国际主义"风格使地方民族特色渐渐消隐，众多面貌显得单一，僵化冷漠。

●图2-52 西格拉姆大厦

6.后现代主义设计

面对"国际主义"风格的垄断，最早提出后现代主义口号的是美国建筑家罗伯特·文丘里，他立场果断地挑战密斯的"少就是多"原则，提出"少就是乏味"。后现代主义风格具体表现在历史文脉特征方面，优雅恣意、重装饰与娱乐、肤浅浮夸的历史折衷主义成为时代的反映。在装饰元素方面，它主张从历史元素与符号角度来丰富面貌，并融入了美国的通俗文化，如好莱坞、拉斯维加斯商业特色（图2-53）。

●图2-53 安娜皇后椅

7.波普设计运动

波普设计反对虚无主义，通过创造视觉夸张和比现实更典型的图像，表达了一种写实主义。它追求大众化，强调设计的新颖性和独特性，采用强烈的色彩处理，混合各种风格（图2-54）。

在家具设计上，风格鲜明，具有廉价、鲜艳、复古的特征。新的波普美学观和消费观颠覆了理性和功能至上等固有的传统观念，其不再采用耐久性、高品质的材料，而代之以易丢弃、可回收的廉价材料，并应用异想天开的甚至是怪诞的、通常被称为"反设计"的设计手法。

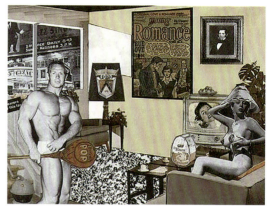

●图2-54　理查德·汉密尔顿作品

8.意大利的"激进设计"运动

它提倡坏品位、"不完美"或者任何非正统的风格。"激进主义"的设计是有个性的、独特的，且应该是短暂的，不断被新的产品所替代。它钟情于鲜明的颜色、丰富的装饰细节，有时甚至是无厘头式的多种材料混合搭配，它颠覆了传统概念的使用功能，使用了庸俗、讽刺、扭曲的比例和随机堆叠的几何形状（图2-55）。

9.斯堪的纳维亚风格

斯堪的纳维亚风格又被称为北欧风格，起源于斯堪的纳维亚，其风格特征呈现简单、自然、人性化的特点。尊重传统、欣赏自然材料的特性在简洁实用的北欧风格中得到体现，其注重形式与装饰的约束、形式与功能的统一。在房间的顶地墙三界面没有图案与装饰，只有线条和色块用以区分和装饰。在家具设计上强调功能化且贴近自然（图2-56）。

●图2-55　卡尔顿书架

通过上述现代设计中各流派风格的空间艺术形象比较，可以看到生活样式的丰富性，当然还有许多其他式样，如强调材料特征与结构体系的高技派，注意环保的绿色设计、生态设计等。各风格都在不断发展融合与革新中迎合当代人的多样要求。

●图2-56　Muuto斯堪的纳维亚风格全木质休闲椅

九、未来科幻风格

人们对未来生活的憧憬与畅想，激发了青年人对未来空间越来越多的奇思妙想。古今中外许多对未来生活空间的设想，到如今大都成为现实。其室内空间艺术形象由天马行空的想象与理性严谨的科技感相结合而产生，室内环境具有金属感、光泽感、机械感，并创造出不属于这个时代的体验效果，使人仿佛置身于科幻世界（图2-57）。

（一）未来科幻风格的发展

未来科幻风格的出现，一方面是科技进步使得愈发丰富的材料和造型可以随心所欲地运用在设计中，另一方面是人们对新事物的好奇心必定催生设计中相关未来追求的趋向。本质上，未来主义不是要颠覆和否定现代主义设计，而是在保证其实际功能的基础上，在形式上赋予更多个性和情感化的装饰效果。

未来主义和现代主义之间的关系既是一种反叛，也是一种继承。从内容来看，未来科幻风格源于工业文明、是对工业文明负面效应的思考与回答，现代主义风格中冷漠乏味、缺乏创新、设计机械死板等问题使人丧失感觉的多样性。这也让许多设计师感到厌倦，渴望寻求新的表达方式。

而未来科幻风格是一种时尚的风格，需要别出心裁的大胆想象力，以及独特装饰意识和手法去拓展。光、影和建筑共同配合的未来空间，成为室内空间艺术形象表达未来"幻"和"炫"的重要媒介。这时需要抛弃现有设计语言的束缚，从全新的角度去考虑问题，比如客厅是可以没有电视的，功能空间是可以反复重合的，物体是可以没有重力而飘浮的，空间是可流动变形的，墙体是不固定的……所有这些空间的无限遐想，将给人们带来全新的未来体验。

●图2-57 由扎哈·哈迪德设计的丽泽soho内景

（二）未来科幻风格的特点

未来科幻风格不同于通常的装修风格，它更多地使用那些不规则的几何图案和线条来填充空间，使其充满艺术感，有着强烈的视觉体验（图2-58）。

在造型表现方面，通常几何金属的简约冷酷感非常符合人们对于未来生活神秘感和科技感的想象。而艺术家钟爱的曲线形体也被注入机械美学，其审美观和巨大的尺度规模，可达到标新立异的造型效果。

在色彩配置方面，明亮的色彩，配以黑、白、灰和银色通常是未来科幻风格的色彩特征，室内空间艺术形象有着冷硬、阳刚的理性特点，并充满科技感和时尚感。当然，在黑白灰相互交织的空间内，其他点缀性的色彩也是必不可少的亮点，它们可以中和冷硬的氛围，使室内空间更具人性气息。

在材质选用方面，随着未来技术的革新，新材料的出现，未来炫酷的室内空间无论是在高度上还是在跨度上都喜欢使用高科技材料，以此突出未来的工业技术成就。

在光影表现方面，突出了未来科幻的主题，神秘似幻的灯光、随处可见的电子屏、极度光洁的地面和充满金属色彩的墙壁，配合室内陈设，产生若即若离的神秘性，营造具有科幻味的室内空间。

在陈设用具方面，科幻风格下的家具、装饰品抛弃了花里胡哨的外表，主张简洁和实用，采用科学的数据和尺寸，符合人体力学的标准。此外，借助陈设的智能化使得人与空间能更有效交流，让空间随人的感受而变化，甚至跨越时空地呈现多样的组合。智能已成为未来科幻风格的内核，如电子墙面、挂画可更换不同风格影像，可运动的家具能自动完成功用、垃圾桶自主分类等。

●图2-58　商场电梯处的星空装置充满未来科幻感

第三章　空间分合求艺态：室内空间艺术形象的营建

第一节　室内空间艺术形象设计的空间类型

一、室内空间类型的概念

各式各样的建筑就好像一件件精美的空心雕塑品，人们身临其中，可以感受它们的内外之美。不同使用功能的建筑会产生迥然相异的空间性质特点，它们或大小，或高低，或分聚，或联断，从而产生相应的空间类型，众多空间类型的差异又构成了丰富多彩的空间感知，这也是深入构思室内空间艺术形象的前提。

空间，自古以来便是一个令人着迷的话题。《道德经》中，老子对于室内空间有"凿户牖以为室，当其无，有室之用。故有之以为利，无之以为用"的精辟描述。《长物志》中，文震亨也提及了关于室内空间陈设物"如图书鼎彝之属，亦须安设得所"的细节阐释。可以说，空间是由人与物体之间的活动关系来界定其属性的。生活中，人们总是有意识无意识地创造着空间，一把能遮阳躲雨的伞，或是一块毛茸茸的地毯，又或是一次激情澎湃的演讲等都暂时划分了一个空间，使人们能明确感受到其内外的差异。

室内空间构成是基于建筑设计所划分的空间内部，从满足人们丰富多彩的物质和精神生活需求出发，所进行的限定性空间组织设计，也称二次空间组织设计。不同空间使用性质和构成的差异特点会产生多样的室内空间类型。只有根据人类生活模式、生理和心理需求来确定空间的序列、构成、分离、连接、比照等细节问题后，才便于空间类型的设计抉择与组织。

二、室内空间艺术形象的主要类型

根据不同的空间组织与重构方式，室内空间可分为以下八类：

（一）根据空间的功能需求，可分为固定空间和可变空间

固定空间由建筑内部构件的底面、顶面及四周墙面围合而成，是在完成建筑主体工程时形成的，也称一次空间。其一般由建筑设计所确定，具有围合特点的居住或公共空间都属于固定空间，如住宅中的厨房、卫生间等。通常固定空间有较明确的功能需求，其相对独立的位置较为固定，成为醒目的空间区域。

而可变空间因没有固定不变的分隔界面，能借助其空间形式的变化来顺应不同使用者的需求，其多用折叠门、开合式隔断、活动墙等灵活可变的分隔方式（图3-1）。

常规布置 演示阶段

差异化教学模式 小组学习模式

●图 3-1 Shift+现代教室

其在固定空间内作可变布局，满足多样课堂教学需要，并利用桌椅围合的可变性空间产生小组学习、差异化教学、演示等不同形式，让课堂从传统的以教师为中心的框架中解放出来。

（二）根据空间的围合程度，可分为开敞空间与封闭空间

开敞空间作为一种建筑内外部关系较为紧密的空间类型，它具有外向性与可接纳的性格表现，表现为积极、活跃的心理倾向。这类空间因墙体面积小，多采用大开口与大玻璃门窗的形式，用对景和借景手法，让室内环境与室外景观相互渗透，推动了空间环境之间的交流，大型的公共场所常用此空间类型（图3-2）。

封闭空间是一种建筑内外限制较多的空间类型。它具有内向型性格，与周围环境的流动性差。卧室和书房就是典型的封闭空间，这些地方通常会给人一种领域感和安全感。事实上，二类空间的区分是相对而言的，只是在程度上有所区别。如介于两者之间的半开敞半封闭空间，其分隔、围护的界限因零碎而不连续，使得空间也没有非常清晰的边界，产生出隔而不断、围而不死的空间通透性，具有一定层次分明的私密性（图3-3）。

●图 3-2 华盛顿国家美术馆东馆内景

这是由贝聿铭于1974年所设计的美术馆。观者可透过等腰三角形大厅透明的玻璃幕墙看到室外景色，同时，原本强烈的自然光线经过网架天窗下遮阳百叶的折射也形成了柔和的直射光。

●图 3-3 Siersema滨水办公空间

空间使用长短不一的柔软半透明织物从天花垂下，等距分布，从而形成了会议室、办公室、休息室等不同空间。

（三）根据空间的视觉导向，可分为静态空间和动态空间

静态空间是一种非常稳固的空间类型。它多采用对称、平衡的表现形式，色调雅致，光影柔和，装饰简洁，陈设比例和尺度和谐。总体而言，静态空间因形态相对稳定，空间相对封闭，构图相对单一及局限性强的特点，多被设置于流线尽端位置，且视线转换较为平和（图3-4）。

动态空间又称为流动空间，是一种动感较强，呈现出多变性和多样性的空间类型。它引导人们从"动"的观察角度去体验由空间和时间结合的"第四空间"。如密斯·凡德罗所设计的巴萨罗那博览会德国馆，室内玻璃与大理石墙面相互交叉，内外连通，构成了一个极佳的流动空间。构思设计此类空间的手法主要有以下几点：一是运用上下电梯与自动扶梯等机械化、电气化、自动化的设备，加上各种人类活动，形成丰富的动力场景；二是通过组织人的流动方向多向展开；三是利用对比强烈的图案和有动感的线型（图3-5）；四是在空间中使用生动的背景音乐或斑驳陆离的光影；五是引入瀑布、花木、溪流、阳光甚至鸟类等自然景观，营造充满活力的室内空间；六是通过家具陈设的布局形式，使人时动时静，并利用匾额和楹联等启发人们对动态环境的联想。

●图3-4　国家罗马艺术博物馆内景

●图3-5　长沙梅溪湖大剧院

（四）根据空间的差异感知，可分为虚拟空间和虚幻空间

虚拟空间，也被称为"心理空间"，它没有一个非常完整的隔离形态，并且缺乏较强的限制性。这是一个依赖于联想和"视觉完形性"，仅靠部分形体的启示所定义的空间。虚拟空间往往通过"真实"部分的表现，间接暗示和呼应，最终象征性地获得"虚拟"部分，如局部抬高或降低地板和天花板，也可通过不同材料和颜色的平面变化限制空间（图3-6）。

虚幻空间多是室内镜面反射的错觉，它将人们的视线引入镜子表面后的虚幻场景中，使人们有了空间扩张的视觉印象（图3-7）。设计中，可以借助几个镜面的折射将物象映射成为空间中的视觉幻象。因此，虚幻空间特别适合应用于狭窄区域以扩大空间感，还可通过镜面"制造"的错觉来装饰或丰富室内形象。此外，具有一定景深的大幅图片能将观者的视线引向画面内"虚构"的远方，从而产生深远空间的意味。

●图 3-6　御窑金砖博物馆
主馆前厅利用四根高耸的柱子营造出抽象的宫殿感。中心地面使用金砖，在凸显博物馆主题的同时也用色块界定出虚拟空间区域。

●图 3-7　悉尼弯曲镜面大厦

（五）根据空间"富余"程度，可分为模糊空间和共享空间

　　模糊空间又称"灰空间"，一种似是而非、模棱两可的空间。它往往位于两种不同类型的空间之间，不仅能承上启下地过渡，还能在人们的心理层面起到衔接与缓冲的作用。例如，"灰空间"在室内外之间、在开放和封闭空间之间，有着过渡和引导的功效（图 3-8）。

　　共享空间，是一种"人看人"的空间。它能满足各种社交和休闲生活，是综合性、多用途的灵活空间。因共享空间大中有小，内外相互穿插、渗透（图 3-9）。它通常被安置于大型建筑的公共活动中心或是交通枢纽处，如酒店和购物中心的中庭。其室内可置入自然景观、水景或是音乐，使室内环境室外化，以提升空间品质。

●图 3-8　西柏林新国家美术馆新馆
建筑入口柱廊的设置产生模糊空间的感受。

●图 3-9　古根海姆博物馆（纽约）
建筑内部以螺旋体块方式凸显中庭展览空间，能共享顶部天窗的光线。

（六）根据空间的起伏关系，可分为凹入空间与外凸空间

凹入空间是指室内的墙壁或角落部分向内凹进去的空间，其往往只在一侧或两侧开放，因此受干扰较小，且随着凹进深度的增加，其领域感和隐私感也随之增强。

外凸空间是室内凸向室外的部分，是能与室外相结合的空间，视野较为开阔。当然，室内外空间的凹凸关系是相对的，建筑表层的外凸空间在室内就成了凹入空间（图3-10）。

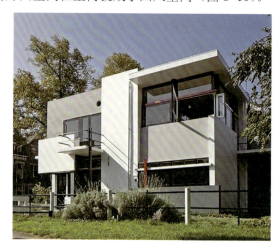

●图3-10　乌德勒支住宅
里特·维尔德受荷兰风格派影响，所设计的乌德勒支住宅以简洁的体块，大片的玻璃，明快的颜色，错落的线条，构成空间的凹凸感。

（七）根据空间的动态变化，可分为迷幻空间和交错空间

迷幻空间的特点是追求神秘、新奇、变幻莫测和超现实的戏剧性空间效果。如欧洲服饰品牌Diesel的超级概念店（图3-11）与东京牛仔专卖店（图3-12）。前者在空间里浓妆艳抹并且运用极具动感的线条，后者则在空间里使用大量铝片，构成一个"花卷"形状。迷幻空间多使用变形、断裂、倒置和错位等手法制造奇特造型，有时其甚至不惜牺牲实用性，将家具和陈设品设计成某种奇形怪状的空间形象物。

●图3-11　Diesel超级概念店
这个空间装置由28块红色Z字形胶合板组成，大大地改变了顾客的视觉角度，也微妙地控制着顾客对于整个空间环境的体验。

●图3-12　东京牛仔专卖店
空间内主要使用了单片的铝片贯穿整个空间，最终在地面缠绕成巨大的铝卷，从而构造出新奇动荡、光怪陆离的空间艺术形象。

交错空间则是在水平或是垂直方向上打破原本的流畅线条，从而营造空间的动态感。它在空间水平面上，用垂直围护面的交错配置，让空间在水平方向上呈现穿插交织的视觉形象；而在垂直方向上，打破了上下对齐的规整形式，创造了交错覆盖的生动场景（图3-13）。

●图3-13　蓬皮杜国家艺术与文化中心
文化中心的外部钢架林立、管道纵横交错，楼板可上下移动，楼梯及所有设备完全暴露，并且根据不同功能分别漆上红、黄、蓝、绿、白等颜色。

（八）根据空间的套嵌关系，可分为母子空间与下沉空间

母子空间是对空间的二次限定。它是以实质性或象征性的方式在原有空间中再限定出小空间，通过把大空间划分为不同的小区域，使空间既有封闭形式也有开敞形式，从而强化空间的隐私性而获得亲密感的表达（图3-14）。这种强调共性和个性的空间处理，不仅避免了相互干扰，而且解决了不便感和空间闭塞感，闹中取静，能更好地满足人们的需求。

●图3-14　田汉文化园陈列馆内景
陈列馆用隔而不断的混凝土柱墙将整个馆内空间划分不同部分，在保证整体空间通透性的同时也能满足多样的展览需求。

●图 3-15　柏林爱乐音乐厅

爱乐音乐厅的听众席化整为零，分成了小区块，并用矮墙分开，高低错落，方向不一，但都朝向大厅中间下沉的演奏区，呈现出亲切随和的氛围。

下沉空间是一个通过地面局部下沉后在空间中形成明确边界和层次变化的独立空间（图3-15）。它因具有一定的封闭性可带给人中心突出，界限明晰的安全感。室内局部地面高度通常下沉 15～30 厘米，如下沉玄关、下沉客厅等，具体下沉高度视室内层高而定。

综上所述，不同空间功用取向的建筑会产生出大小有别，高低相错，分聚适度，断联得当的空间形式，这正好对应着八类不同的空间类型。各空间类型交错组合，构成了丰富多彩的空间感知环境，为室内空间艺术形象的创新构思提供了多样的前提条件。

第二节　室内空间艺术形象营建的形式逻辑

作为一个抽象且主观的概念，"美"的理解因人不同而大相径庭，正如"一千个观众眼中有一千个哈姆雷特"。但总的来说，美是人们在长期的审美实践中逐渐形成的总体视觉映象以及约定俗成的认知。它是一个相对宏观的概念，是客观事物共同的本质属性，能唤起人们的审美感受。

一、形式之美

形式美是"美"的外在客观展现，指点、线、面、形、色、光等各种形式元素的组合规则。

（一）节奏与韵律

苏珊·朗格曾说："艺术是一种生命形式，而节奏是构成生命形式的重要组成部分。"节奏和韵律的概念来自音乐，有节奏的变化才能有韵律之美。节奏和韵律是生命和运动的形式，它们是在运动和静止的关系中产生的，运动的速度和强弱形成了律动。节奏是依照既定的秩序有条理地反复不断排列，形成一种律动形式。这种连续性的等距律动，可让大小、长短、高低和明暗等关系产生渐变排列的效果，就像春、夏、秋、冬的四季循环一样。而韵律则是一种基于节奏的有组织变化，并在其中灌入美的因素和情感个性化而形成的。它好似音乐中的旋律，不仅有充满情感的节奏，还可以强化空间形象的感染力与艺术表现力，从而引起观者思想感情的共鸣。

空间内产生节奏要注意两点：一方面是需要存在一定差别与数量的视觉形态来产生对比或对立；另一方面，各类空间艺术形象的对比或对立因素以有规律的方式交替呈现。在上海世博会克罗地亚馆的设计中（图3-16），建筑与影像的结合，让空间有了独特的组合魅力。观者通过安静的门厅步入音响与影像相互交织的动感前厅，经由好似海底的声响空间，最后映入眼帘的是一片代表当地特色的静谧盐场环境。空间流线中动静的接替呈现为空间增添了独特的节奏感。

●图3-16　上海世博会克罗地亚馆内景

　　室内空间结构可以采用重复、渐变、聚集和分散等形式，使空间富有积极的生机活力。只有避免因过度有序排列而造成单一僵硬的视觉形象产生，才能更有效地打动观赏者。在室内空间艺术形象设计中节奏和韵律以"渐变式空间构成"和"发射状空间构成"两类表现形式最为突出。

　　渐进式空间构成是指在空间中以相似的基本形状或骨骼逐渐变化，呈现出阶段性的和谐秩序。渐变方式多种多样，主要体现在大小、间隔、方向、位置、形象和颜色等6个方面的渐变。大小的渐变是基本形于空间中产生大小序列的变化，给人一种延伸与运动的感觉；间隔的渐变是指两种基本形相互隔断，依据各自变更方式产生对比的视觉变化效果；方向的渐变是将基本形的方向和角度作序列变化，造成起伏转化，增强空间跃动感；位置的渐变是对空间中一些基本形的位置进行有序的改变，从而产生视觉起伏的空间效果；形象渐变是将一个视觉形象逐渐过渡到另一个形象的方式，从而增强艺术形象的欣赏乐趣；色彩的渐变就是根据色彩在空间中的色调、明度和纯度的关系进行变化。设计师在进行创作时可通过把控"三大节奏"以丰富室内空间：一是线条的节奏，通过线条的长短、粗细、虚实、疏密、起伏、曲直、纵横、衔接和间断等变化能产生形态各异的节奏；二是形状的节奏，即借助由大小、方向、虚实、内外以及连环等转换组成花样百出的节奏；三是色彩的节奏，即由色彩的明度、纯度、冷暖对比及黑白层次的变化等所形成的丰富节奏。

　　发射状空间构成作为一种特殊的重复，它是由基本形状或骨骼单位围绕空间中一个或多个中心点向外分散或向内集中所形成的。这类空间构成的聚焦点通常位于室内空间的中心或顶部、地面和墙壁等界面的突出点上。根据发射方式的差异，可以将其归纳为以下四种类型：离心式发射是发射点位于中心部分，其发射线向外发射的一种组织形式。这种设计形式通常用于许多酒店大堂中庭；向心式发射是由多个发射点从周围向中心集中的一种组织形式。这是与离心式发射组织正好相反的发射骨架；同心式发射构成，其发射点由一点逐步外扩，以同心圆方式逐渐扩散形成重复形（图3-17）；多心式发射构成则是以空间中多个中心作为发射点，组成了丰富的发射群。这种构图效果使空间具有明显的波动感。例如室内空间中不同种类灯具的存在，就像多个发射中心一样，会产生空间视觉的交替变化。

　　在实际应用中，这两类形式可以结合起来，以实现更为变化丰富的空间需求。韵律是

●图3-17　灯光装置
这座悬挂在天津洲际酒店大堂的"星星"，由750块捷克玻璃组装而成，以离心式的构成形式填满了全部的中庭空间。

节奏丰富表现的结果，节奏是韵律多样生成的基础，二者相互依存、相互影响而光彩夺目。

（二）对称与均衡

对称也被称为"均齐"，具有"同形同量"的形态特征。对称的形式因自然稳定、庄重典雅、具有秩序美感，符合人的视觉习惯，使得视觉心理上趋于严谨理性，并富有强烈的装饰意义。中外很多古代建筑都以"对称"为美，如雅典卫城、北京故宫，巴黎埃菲尔铁塔等。对称有轴对称、旋转对称、移动对称、扩大对称、逆对称等形式。传统的中国室内布局也大多为轴对称形式。例如，明堂的主立面通常在中间用书法和绘画装饰，两侧佩有对联，茶几和椅子等家具对称放置在左右两侧。

均衡具有"同量异形"的形态特征，指的是特定空间中各种形式要素相互之间维持视觉上"作用力"的平衡关系。也就是说，均衡作为一种相对自由的形式，其中心周围的构成元素（如体积、颜色、形状等）不必完全相同，可通过正确处理视觉重心的稳定性来获得美感，以达到视觉或心理平衡。因此，它给视觉心理上带来一种灵活的、感性的、追求动感的、轻松而富于变化的美。

在空间设计的构图中使用对称规则时，应避免因过度绝对对称所造成的单调僵硬体验。有时，在整体对称形式中加入一些不对称因素可以增加构图的生动性和美感。

（三）对比与统一

对比是一种类似于中国古典园林建筑"欲扬先抑"的表现手法。通过多个空间之间不同的形状、颜色、纹理、光线、方向、位置等对立因素的比较，可反映出各种事物的多样差异。如室内家具、灯光、色彩等通过形态、明暗、虚实、冷暖的对比使得空间主题更加鲜明，氛围更加活跃。

统一是将相互排斥或差异化元素进行人为组合与协调，在空间中形成相互依存的和谐关系，让空间更显舒适。为达到空间的和谐状态，通常可在室内空间中考虑三个统一：一是形态的统一，如流线型的空间中，内部的陈设品也可设计成流线造型；二是色彩的统一，如整个空间的色调为蓝色或者黄色，家具的材质及配饰就要向主色调靠近；三是风格的统一，如新中式风格的空间一般用相近风格的家具、灯具、摆设（图3-18）。

●图3-18　黑色方直造型统一了空间中的家具及配饰

（四）主次与虚实

主次是指室内环境中主要形态和次要形态之间的空间比较关系。这可通过室内空间中各艺术形象的形体尺度、位置等所形成的差异展开设计，从而产生空间主从的层次感。设计者重点塑造的空间艺术形象往往是空间环境的视觉中心，能最大限度地达到传播目的。

虚实是指客观可见的"实"与不可见或含糊的形态，甚至是意象的"虚"之间所产生的对比关系。在室内环境中，空间的"虚"是为了突出"实"。通过"藏虚露实、主实次虚"，即主体形态以实体为主，次要形态以虚拟为主，而不是平均处理的手法，才能使空间有一个良好的节奏和层次性的表现效果。

（五）比例与尺度

比例是指物体形态整体与各部分之间，以及局部相互之间在空间尺寸或形状上的相对关系。适当的比例关系能正确反映事物尺度的内在逻辑，并带给人和谐之美。在室内空间布局中，合理安排陈设物之间及其与空间背景之间的诸多比例关系，可促使各种材料的面积和体积大小比例、数量比例符合美的尺度感觉，这也是人基于身心需求获得良好空间视觉效果的重要因素。反之如果比例失衡，破坏了美的秩序，则会产生不佳的空间使用体验。

尺度作为衡量空间物体的度量标准，其能客观反映物体整体或局部的大小关系。室内空间各物件规范都要符合人机工程学中的尺度要求。例如，单人沙发的正面宽度小于 48 厘米时，人坐着会感到拥挤；座面深度应保持在 48～60 厘米之间，太深则小腿难以自然下垂，太浅就会有坐不住的问题；而座背高度应控制在 36～42 厘米的范围内才适应人们靠坐的多样需求。

一个富有视觉震撼力与感染力的室内空间，离不开上述五组形式美关系的深入思考。设计师们可以有意识地运用形式美的语言来表现室内空间的主题、情感和意境，以取得更加和谐美化的空间艺术形象效果。

二、意境之美

室内空间艺术形象设计在符合使用功能的基础上，还需要综合运用艺术美创造多姿多彩的意境，用浓厚的艺术氛围展现使用者的精神世界。

（一）意境美概述

意境通常是空间内的生活图景与所呈现出的思想感情融汇为一体后的产物。"意境美"概念作为中国传统美学的基本范畴之一，展现了特有的艺术审美方式。它描述了空间艺术形象呈现出的意与境、情与景、心与物等关系在相互协调复合后让人体味到的审美境界。这种充满了生命律动的无限魅力正是艺术上的情景交融所产生的自然神韵，也就有了诗意的空间。

室内空间设计是围绕"人"的物质和审美需求而展开的，有效促进人类社会文化的多样性发展。"意境"在上述要求被满足的基础上，需以一种高超的"艺术境界"展示方式，体现出设计作品的内涵和品质，并让室内空间中的各艺术形象自然而然地产生连锁"意境效应"。人借助"意境"欣赏，与各类别化的"空间"进行对话，从而产生丰富的遐想，并借由自身的想象力，体味着来源于艺术家创作的意境之美。

（二）室内空间意境美特征

1.情景交融之美

情景交融是将情感抒发与特定的自然景物或生活场景紧密结合，促使审美主体与客体之间产生交流互动，空间设计需借真实的场景刻画，传达人们的情感，在情景相互渗透和影响下，呈现间接而含蓄的精神之美。例如在客厅放置有荷花图案的屏风或绣品时，因荷花象征了君子正直而豁达的性格，这婉转地传达出主人的廉洁品质和精神面貌。

2.虚实相生之美

虚实相生，即以实体显示出虚空，有虚处，才能有实形吞吐的空间。"实"展现出真实可感的正形，巧妙地呈现抽象的"虚"，让人看到要依赖审美想象的空间负形。

中国传统艺术在意境美的营造上充分展现了这一特征。如中国画的黑白关系创造一种虚实结合的意境。虚实结合的意境美能极大地激发出观者的想象力和创造力。如苏州博物馆以简洁的几何形构成实体的流动线，围合出水乳交融的虚形，并用中式窗门为衔接点贯穿出具有江南园林所特有的虚实之美。

3.以小观大之美

空间大小的区别往往是相对的，两者通过相互衬托凸显大小差异。如果没有对"意境"中小细节的把握，就不可能呈现出一个大氛围的空间。"小中见大，回旋往复"的空间效果可让有限的空间创造出无限的意境。如日本的枯木山水就是在有限的实木材料中，结合白、灰等简明色，独创出人心灵上无限的"禅味"空间。

4.境生象外之美

所谓"境生象外"，是以有限且具体的"象"为基础，对其在时间和空间上进行突破和超越。这种中国古典艺术的独特追求，已超越了艺术家们所物化的既定形象，也是意境的精髓体现。一般来说，人们对空间艺术形象的审美是建立在其已有的文化心理和文化熏陶之上的。人们不仅直接感受到物件的形式美，更注重直接感官之外的深层内涵，以强化对意境美的理解。在追求象外之象中，如隈研吾所设计的中国美院民艺博物馆（图3-19），美术馆与倾斜的地形相结合，外形利用层叠的瓦片，象外之意为起伏的茶田，掩映在山间。

●图3-19 中国美院民艺博物馆

（三）意境美的营造与表现

1.宏伟壮阔的意境美营造

通常而言，在较为庄重的公共空间中，一个大而开敞的空间会比小的空间更能表达出雄伟壮观的意境。如北京故宫室内开阔的空间中多以雕梁画栋、明亮色彩，取得富丽堂皇、气派非凡的效果。作为地标性建筑的迪拜市伯瓷酒店（图3-20），大堂高180米，内有高耸的金色圆柱、绚丽多彩的喷泉在耀眼的灯光下，烘托出大气壮丽的空间景象。再如新加坡樟宜机场（图3-21），室内两大中心地带分别设计有森林谷和瀑布雨漩涡，让人因其大气磅礴的空间场景而惊叹不已。

●图3-20　伯瓷酒店大厅　　●图3-21　新加坡樟宜机场内景

2.空明幽静的意境美营造

空明幽静的意境主要表现为自然中恬静的景致。苏州传统园林庭院大多以"静""幽""雅"来传达出江南文人的闲适生活取向。其中，因竹子被赋予了高雅、刚直的文化内涵，人通过观竹引发联想，进而体悟出一种清幽宁静的空间。文人苏轼曾云："宁可食无肉，不可居无竹。"现代茶室空间也可在中庭、墙边种上竹子，用灯光表现出的影像，宛如一幅天然的水墨竹枝图，再配上假山石就营造出自然宁静而幽远的感受。

3.清丽婉约的意境美营造

清丽婉约可给人带来一种柔美的体验，更偏向温馨、舒适性的清新氛围。它通过"曲线柔情"的表达方式简约地排列组合各要素，用带有一定装饰意味的形象装点空间。这种"婉约"空间与"豪放"空间不同，其空间造型柔美婉转，色调清雅，让人的行为活动自然而然地统摄于婉约的柔美艺术境界中。

4.含蓄典雅的意境美营造

含蓄而耐人寻味的方式可表现出一种东方美学的委婉之韵。中国传统居室中往往巧妙地结合了题字、书法、绘画、借景等技巧，传达出一种安宁、和谐、含蓄、儒雅的意境，展现出主人的高雅品位。例如用莲藕这一形象，能含蓄地表达清廉的精神境界；而用简洁的线条造型布置中式玄关，可使得空间彰显东方禅味。

5.田园闲适的意境美营造

田园闲适空间往往是以"回归自然"为设计核心，营造出一种田园般宁静、柔和、富有乡土气息的装饰风格。这种表现手法保留了更原始且天然的元素，使室内场所弥漫着一种自然、休闲的氛围。田园美学所主张的"自然美"，并非具体指某一个特定的时期或地区，而是以"朴实、亲切、实在"作为田园风格的最大特点。其风格多样，包括有中式、欧式、美式、南亚等田园格调。

中式田园风格以丰收的金黄色为主色调，家具陈设用品选取上吸收了传统装饰的"形"和"神"的特点，多以木石、竹藤及织物等天然材料进行装饰；而欧式田园风格设计推崇心灵的自然回归，往往采用具有浓郁乡土特色的碎花图案装点；美式田园风格在室内环境中着力寻求悠闲、舒畅和自然的田园风采，主要选用木材、石头、藤条、竹子等质朴的天然材料；南亚田园的基调主要是咖啡色，家具虽然粗犷，工艺做旧，但却平和宜人。

6. 苍凉悲壮的意境美营造

苍凉悲壮常用于一些历史陈列馆的空间中，整体氛围是严肃的、凄凉的。例如，在南京大屠杀遇难者同胞纪念馆中，弥漫着悲愤的控诉气息（图3-22）。

苍凉悲壮的意境营造可用情节跌宕起伏的表现形式，让观众仿佛因看一部精心安排的电影而深思回味。例如，柏林犹太人博物馆内反复出现了锐角的曲折，放置了无数破碎的断片，凸显人们对战争的不满和抵抗。展厅中密密堆叠地面的铁铸圆块状人脸，张嘴瞪眼的哭诉，像是耗尽全身之力在呼喊，刺激着观者的心理，让人感受到惨痛历史记忆中的凄凉场景（图3-23、图3-24）。

7. 华丽浪漫的意境美营造

这种意境美营造通常是应用于比较奢华庄重的公共空间中，往往给人一种恢弘华丽、柔美浪漫的空间体验。尤其是一些浪漫典雅的欧式建筑十分推崇优雅华丽的室内场景，如维也纳国际酒店设计（图3-25）。在这类空间艺术形象的审美上，多元设计文化的不断融合和碰撞，让东西方的设计元素也突破了原有形式，交融出各自独特的奢华与浪漫情调。因此华丽配色与精致的艺术品造型配合优美的空间曲线，在精益求精的细节处理中彰显出绚丽烂漫的空间格调。

除了上述意境美，还有一些更为微妙的意境空间，但不管空间艺术形象如何设计布局，其意境都能带给人积极向上的思想情绪，从而强化"人性"的特点，体现出高尚的精神追求与艺术品位。

●图3-22　南京大屠杀遇难者同胞纪念馆

●图3-23　柏林犹太人博物馆墙面上曲折的造型

●图3-24　柏林犹太人博物馆内"人脸"铺地

●图3-25　维也纳国际酒店

第三节　室内空间艺术形象设计流程

　　室内空间艺术形象设计是基于室内空间规划、装修、物理环境及陈设艺术 4 个方面的综合设计表现，呈现出整体的视知觉风貌。其设计流程也是按照各阶段循序渐进展开的，分别是：前期调研与分析、概念设计及表现、方案深化与确立、施工制作与验收。

一、前期调研与分析

　　设计师需要到现场观察空间位置、测量布局面积、调研使用者的人流动向、日常生活规律和日常习惯等，分析人与空间的关系，为后期项目顺利开展做好准备。

　　一方面需测量空间尺寸。在空间规划、装修、物理环境部分完成后，设计者可借助各类测量工具（如尺子、测距仪等）或设备，以及相机针对要设计的空间进行记录，采集一手资料。只有准确把握空间大小尺寸，才能绘制出室内空间平面图和立面图，并从现场体验中全面考虑产品形象的设计与布置。另一方面需探讨生活方式。详细收集完项目场地的尺寸和图片等信息后，设计师还要用心同客户就生活方式展开深入沟通，从而挖掘出客户在空间艺术形象上的个性追求。为了捕捉客户更深层次的需求，还可以从空间流线、生活习惯、文化偏好、风格倾向、宗教禁忌等多方面探寻比较，这都是空间艺术形象设计必须关注的重要环节。

二、概念设计及表现

　　设计概念的提出及表现需要综合考虑多方面的因素，主要从以下三点展开：

（一）空间性质的研究

　　在了解甲方的设计要求后，设计师需要思考：空间的特性、空间的作用、空间所涵盖的功能。对于每个空间，当界面装饰保持不变时，不同类型家具的结合所构成的差异化围合形式就能产生多样的空间属性。例如，在同一个 3 米乘 3 米的空间中，如果选择沙发和茶几，就将营建出会客交流的空间；如果选择餐桌椅，就将创建出用餐空间；如果把长桌和转椅放在一起，就将形成办公空间。以上是利用大型家具的形象来形成空间的特征、作用和功能。此外，其他小件物品如茶具、运动品等也能用来改变空间的使用性质。

（二）陈设风格的分析

　　陈设设计风格是基于不同的文化背景和不同的地域特征，借助各种设计元素所展现出的独特空间表现语言。设计师需要了解装修现场的色彩关系和色调，控制好室内整体装修设计方案的色彩，把握住背景色、主体色和装饰色之间的关系，从而营造出统一又富有变化的视觉空间。与客户探讨的方案要明确风格定位，尽量通过合理陈设搭配来完善空间艺术形象，并弥补室内装修的缺陷。

（三）设计概念的提出及表现

明确并提出设计概念的表现方式通常有以下几种：第一种是意向图片。在确定相应的设计风格方向后，可依据空间类型、空间性质、整体设计理念等因素，选择对应的参考图片向甲方进行汇报和沟通。由于图片反映了实体的真实效果，能够较为准确地表达设计理念，甲方可直观地感受到设计师的意图，理解方案所要传递的基本设计思路。第二种是概念草图。对于一些特定空间，意向图只能示意性地显示所选物品的效果，当甲方需要结合具体项目看效果时，概念草图的绘制就成为一种简明的表达方式。设计师用草图来表现空间中艺术形象之间的关系，再结合意向图的指向功能，可以更加清晰方便地与顾客沟通。第三种是设计平面图。相对草图而言，平面图在表示每个物体的位置方面具有更为准确的效果。在方案构思阶段，设计师无需绘制正式的平面图，只需在平面图中标出每个空间中大件艺术形象物品的数量。图中可以忽略一些过小的艺术形象物体，如小的桌面装饰品。平面图由于能便捷地展示项目中大件艺术形象的具体信息，让甲方能够感受到空间的布局效果，并从整体上控制成本。第四种是电脑效果图。相较于手绘效果图，逼真的电脑效果图能用更形象化、具体化的最佳视觉效果展示，并根据客户个人对于空间结构、布置色调等方面的需求，有效模拟真实环境空间。第五种是简易动画效果。将效果图制作成视频动画，甚至用 AR 技术，可以最为直观地展示整个空间艺术形象的体验效果。

三、方案深化与确立

这包括以下三点：一是图纸表现的深化。设计师按照既定的设计思路深化设计方案，确定各个空间艺术形象的最终效果。根据所画草图将内容整理成 CAD 图纸，图纸内容应包含节点和大样图。同时在图纸中标记所需物品，以便于将来的采购工作；二是采购表格的细化。为了便于采购工作的顺利进行，设计师会制作一份标记有所选物件的图表单，并按照空间位置、物品名、数量、颜色、质地等属性内容进行填写，以便在选择过程中相互协调。有了这个图表，就不会有过多的改动，同时，漏项的可能性也会降低；三是陈设物品的挑选。一般情况下，设计师会依照已经列好的物件清单，根据空间的需求、造价的程度，先从占据空间较大的家具挑选。由于家具的风格是确定整个空间艺术形象的关键因素，所以家具样式确定后，其他物品就更容易选择了。接着挑选影响空间效果的窗帘、布艺等织物，其色彩、质感也能左右空间视觉走向，可以改变空间的个性。紧接着选定影响空间功效的大型灯具以及繁杂且富有情趣的小件物品。在选择家具时，陈设物品的比例要控制好。通常而言，家具占 60%，布艺占 20%，其余均分 20%。

四、施工制作与验收

等所有的物品确认到位后，就开始按照既定的方案实施，有以下注意事项。第一项要准备相关资料。在此之前，设计师需整理所订购陈设品的清单，检查到货情况，并核实家具布艺的数据。第二项要进场安装摆放。陈设物品等艺术形象的安装和摆放是最为关键的一步。布置过程通常会按照家具、布艺、绘画和饰品的顺序进行调整和摆放。这些空间艺术形象的设计并不是元素的简单堆砌，而是要充分考虑元素与主人生活习惯的关系，从而提高生活质量。第三项要预备应急情况。在方案实施过程中，如遇突发状况干扰甚至阻碍到任务进度的推进时，就需要有应急预备案。如果定制的物品因某种原因无法到达，则需要备有替代品以满足甲方的前期使用，然后再进行更换。第四项要调整定型方案。由于每个个体的审美品位不同，甲方可能在整个方案实施后提出修改要求，或是在装修过程中某些方案的调整影响了空间艺术形象的最终效果，这些情况都需要设计师根据实际情况来统筹规划定型。第五项要交代维护事宜。在方案最终完成后，设计师还应主动向用户讲明相关陈设物品的后期维护保养，以及某些陈设物的更新替换问题。如绿植花卉的养护以及丝织、地毯等布艺品的清洁维护，防止使用或维护不当造成的物品损坏，避免影响整体空间艺术形象效果。

简而言之，通过上述室内空间艺术形象设计四个阶段的具体流程分析，可以深刻体会到前期调研分析、概念设计与表现、方案深化与确立、施工制作与验收的重要作用，这为未来室内空间艺术形象设计的具体实践操作提供了明确的思路和步骤。

第四章　巧思精做寻艺法：室内空间艺术形象的妙想

第一节 空间艺术形象的设计构成要素

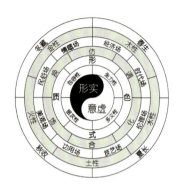

●图4-1 形意场体系图

随着社会的发展，人们对室内设计的要求不断提高。空间艺术形象设计不仅要满足功能性要求，而且要特别注重空间"形态"的塑造。庄子《天地篇》中："留动而生物，物成生理，谓之形。""形"是客观物象的外在展现，"态"是人的主观判断结果，形态是人针对"形"的物质性与"态"的意识性统一理解而获得的有机判断。因此，室内空间的"形"与"意"在外在因素作用下，将展现丰富的形象。可以说，空间艺术形象设计离不开形态具体生动的艺术展示。这可通过形意场体系从造形、色彩、材质、式样四个方面及照明角度挖掘形态内在构成要素的空间艺术表现力（图4-1）。

一、空间艺术形象的造形

万物形态的分类方式，会因考察角度不同而有差异。千变万化的形态总要借助相应媒介体多样呈现出来，而室内空间艺术形象的形式展现可从平面造形与立体造形两方面分析。此处的"造形"概念侧重于剔除光色、肌理后的素型样式，是形态艺术呈现的首要环节。

（一）平面造形

室内空间艺术形象的平面形态主要依附于建筑空间顶、地、墙以及隔断上，如壁挂、屏风、地毯等（图4-2、图4-3）。

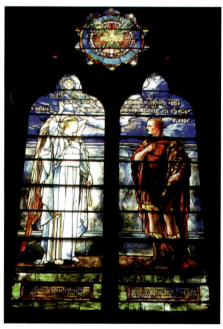

●图4-2 巴黎圣母院彩绘玻璃

●图4-3 清代粤绣花鸟挂屏

●图4-4　康定斯基的《构图8号》

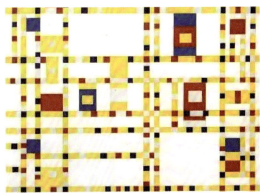

●图4-5　蒙德里安的《百老汇爵士乐》

在研究平面视觉形式时，具象形态的评价标准会被模拟的逼真程度所限制，易忽略其内在的纯形式规律。而抽象形态多是通过理性思考与选择，根据设计意图对自然物象进行提炼组织而形成的新异内容。它能给人更为丰富的情感表达和思想内涵，充满现代形式美。因此，在平面造形的训练表现中，除了写实方向的描绘，还要强化用抽象思维方式探究形态的点、线、面在二维形式下的创新路径（图4-4、图4-5）。

（二）立体造形

室内空间艺术形象中的三维形式表达除了具象写实性的方向外，还可以通过家具、软雕塑等具有现代构成意义的材料来组织空间艺术形象。这种艺术作品往往注重空间环境内的视觉表现力，具有多变的构图形式及强烈的虚实感，尤其是应用于现代装置领域的空间艺术形象更为突出（图4-6）。

●图4-6　阿巴卡诺维奇的《红色阿巴康》

可以说，由点、线、面、体等构成的室内空间中，借助不同造形及其个性化特征的表现就会给人带来差异化的视觉效果和空间感受（图4-7～图4-9）。在此基础上，不论是平面造形，还是立体造形，不同的空间形式采用针对性的创新操作都能营造出各自的意境。例如，矩形空间因规则的视觉体验可以创造出恒定而稳重的意境，给人以强烈的硬直感（图4-10）；曲线的空间可以创造出一种非正式而清新的意境，并多用于活泼柔美的室内空间中（图4-11）。

●图4-7 点构成的空间

●图4-8 线构成的空间

●图4-9 面构成的空间

●图4-10 矩形空间

●图4-11 曲线空间

二、空间艺术形象的色彩

在与我们生活密切相关的室内空间中，色彩是最活跃的元素，也被称为室内设计的"灵魂"。它是一种情感语言，能有效地表达空间特征，赋予人不同的心理感受。如红色给人温暖、热情；绿色给人平和、希望；紫色则给人以神秘、优雅……（图4-12～图4-14）。在当今室内空间设计之中，色彩的选择和搭配尤为重要。一般来说，常用的颜色可以概括为"同类色、邻近色、对比色"等。色彩通常是空间的视觉中心，各类艺术作品进入室内空间时，其个性化色彩要与环境色相和谐统一，才能创造出符合人感官平衡的整体空间色彩效果。

●图 4-12　伦敦 GIVENCHY 旗舰店
全红色为空间增添了活力。

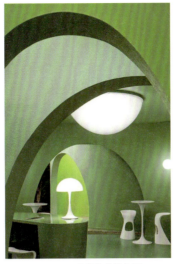

●图 4-13　EGO 美发沙龙接待区
以弧形墙壁配合绿色成为设计亮点。

●图 4-14　"奇妙星系"空间
用紫色的深浅搭配激发神秘力量。

（一）色彩的构成基础

　　色彩，俗称颜色，是人通过眼睛、大脑和日常生活经验对光线作用所产生的视觉效果。从视觉感官角度来看，色彩的生成是人类大脑对于各种客观存在的、有着特定波长光线（约 380 ～ 760mm 范围）的主观感知，人们之所以能看到颜色，是因为光线刺激眼睛视网膜的视觉神经，并引起一系列随后的感知反应。总之，人们对颜色的感知是通过视觉器官的"看"和大脑的"判断"形成的，进而影响人们的心理感受。

　　光是物体向人眼反射而产生的一种视觉和心理感受。根据字面意义，色彩可分为色和彩，所谓色是指进入眼睛的光线被传输到大脑时人们的感觉；彩即为多色，这是人们对光线变化的理解。因此，有光才有色，它不是物体固有的，而是自然界物体吸收和反射光波的结果，是一种涉及光、物体和视觉的综合现象。

　　色彩可以分为有彩色系统和无彩色系统。红、橙、黄、绿、青、蓝、紫等不同明度和纯度的颜色属于有彩色系，而无彩色系是由黑白混合而成的不同深浅的灰色，在色彩学中被称为黑白系列。在有彩色系中，色彩还可以分为原色、中间色、复合色和补色。不能在颜色中分解并且可以混入其他颜色的色彩是原色，例如红色、黄色和蓝色，即三原色；三原色中的任意两种原色混合形成中间色，如橙色（红色加黄色）；两种中间色混合形成复色；最后一种是互补色，也称为强对比色，当这两种颜色等量混合并呈现黑色和灰色时，它们是互补的。如蓝色和橙色，红色和绿色，黄色和紫色（图 4-15）。

　　在色彩学中，色相、明度和彩度是定量描述颜色形成的

●图 4-15　色相环及色彩搭配

基本属性。其中，色相的区分最明显，明度调控颜色明暗程度，彩度代表颜色鲜艳程度。

色相能够体现颜色的外观特征和相互差异，反映事物的固有色和冷暖感。这是因为不同波长的光波让人的视网膜有不同的颜色感受。其中，红色、橙色和黄的光波都比较长，对人们的视觉有着强烈的影响；蓝色、绿色和紫的光波较短，影响较小。

明度是指色彩的深与浅所显示的程度。同一种色系里的颜色，用肉眼就能感受到颜色明度的区别。例如，深黄、浅黄、柠檬黄等黄色可以直接观察到明显的深浅差异（图4-16～图4-18）。明度不仅是色彩变化的重要特征，也是形成空间感和色彩体积感的主要依据。每个颜色对象越接近白色，其表面反射率越高，亮度也越高；反之，越接近黑色，亮度也越低。

纯度，也称为饱和。这是颜色感觉强弱的标志。纯度越高，越鲜艳明亮，给人强烈的视觉刺激感；反之，则越柔和、灰暗。原色是纯度最高的颜色，纯度降低可通过添加黑白灰或其他色调来实现。

中外精彩纷繁的绘画艺术呈现了人类丰富的色彩表现力，更离不开三种属性的灵活运用，从而创造出独具特色的空间艺术形象作品（图4-19、图4-20）。

●图4-16 深黄明度空间

●图4-17 浅黄明度空间

●图4-18 柠檬黄明度空间

●图4-19 《星夜》
凡·高画作中展现了一个高度夸张变形与充满强烈色彩震撼力的星空。

●图4-20 《千里江山图》
北宋王希孟所作青绿山水画，色调雅致浑厚相交融。

（二）空间色彩的情感表达

　　人类对于色彩的感觉来自人的直观感受，是感觉器官对色彩属性、强度和差异的反应和判断，而在思维上则产生了相应生活体验和环境事物的联想，这就是色彩的心理感受。由于人们长期生活在彩色世界中，积累的视觉经验促进了色彩情感的产生。一旦感知体验与外来颜色刺激相呼应，大脑做出颜色判断时，就会在人的心理上产生某种情绪。

　　反之，情感的即时状态也会影响人们对色彩的感知和反应，也就是说，色彩判断受人的情绪感染，使色彩表达能传递出不同的情感内容。室内设计中色彩在空间艺术形象表达上的作用有多个方面，可以从冷暖、距离、重量、大小等方向有效地带动人的情感发挥（表4-1）。

1.色彩的温度感

　　即颜色的冷与暖。寒冷和温暖最初是人们的触觉对外界温度的反应，由于生理感官经验在大脑中的积累，人们会在心理上做出反应，形成对应色彩的冷暖关系。这种视觉感知的冷暖温度不是来自物理上的真实温度，而是在心理上形成的温暖或寒冷的感觉。例如，座椅的红色让人感到火热；沙发的银灰色或蓝色会形成凉爽乃至冰冷的感觉。由此可见，不同色相的性格，让人对室内色彩有了温度体验，并促使用户选择家具色彩时会考虑如何适应室内空间功能需求，如卧室家具倾向于暖色系，而厨卫空间更多用冷色。

2.色彩的轻重感

　　通常人看到黑色，会联想到黑夜降临，产生沉重感；而看到白色，会联系到白云飞絮，有一种淡淡的愉悦感。因为纯度、明度、冷暖度的特点能直接影响色彩的质感，所以纯度极高或极低的颜色，在心理感觉上较中纯度的颜色更具重量感；而明度较低的颜色更具有稳重感。在室内空间的色彩轻重配置上，因明度高的颜色更显轻，设计处理可依据明度强弱由上到下进行排列，以上轻下重为宜，能产生空间形象上的安定感。

3.色彩的收缩与扩张感

　　色彩可以让人感觉到进退、凹凸、远近的不同，一般来说，暖色系和高明度色具有前进、凸出和靠近的效果，而冷色系和低明度色具有后退、凹进和远离的效果。因此，为避免造成视觉的距离错觉，室内设计中经常利用这些色彩特征来协调色彩的前后对比效果以改变空间艺术形象的大小和高低。

4.色彩的软硬感

　　色彩通过物理属性的刺激会使人们在心理上产生硬度感与质量感的差异比较。例如，高亮度和低纯度的颜色会让人感觉柔软；低亮度和高纯度的颜色则会给人留下刚硬的印象。在室内空间中家具色调用浅色会感到柔暖舒适，用深色会感到结实稳定。

表 4-1　空间色彩的感性特征比较

情感表达	家具	空间
	冷	暖
色彩的温度感	椅子以钢结构覆盖着冷色的泡沫材料	甜品屋里的珊瑚橘、樱桃红、柠檬黄等色，显得热情张扬
	重	轻
色彩的轻重感	潘顿椅，采用黑色更具雕塑感	极白空间点缀纯净的黑色，有着强烈的视觉冲击。
	扩张	收缩
色彩的收缩与扩张感	橘红色具有前进、凸出和靠近的视觉感	酒店利用装饰线条结合冷色调让空间有了内敛感
	软	硬
色彩的软硬感	白色椅身上添加了红色手形图案	空间中饱和度极高的色彩，让人体验到光洁硬朗感

（三）空间色彩的组织原则

为有效提升室内空间形象的艺术氛围感，可灵活运用以下色彩设计原则。

1.色彩表达需服从空间功用

任一空间都有各自的属性功能与使用目标。例如，在居家环境中，色彩配置宜选用柔和暖色调以营造舒适和安宁感。在文化环境中，包括各类学校、文化馆、博物馆以及一些展览和表演类场所，其色彩应明亮、干净、典雅，体现文化品位；商业环境中，色彩也如商业的行业品类一样繁多，多强调视觉冲击力（图4-21）；办公环境更重视色彩对办公效率、工作氛围和劳动强度的改善和调节，色彩相对稳重、温馨、柔和。

●图4-21　XYTS展示空间
展馆以霓虹橙色饰面为空间色彩基调，突出商品特色。

2.色彩配置要符合空间构图

室内色彩设计为控制好整个环境的色彩配比关系，需要生动且有序地组织构图，才能达到空间色调风格的统一。空间的色彩构成一般先要确定好主色调，再与背景色（天花板、墙面和地面）和谐统一，然后考虑余下色彩部分的搭配，处理好统一与变化的视觉关系，即在统一的基础上寻求变化，创造良好的空间艺术形象效果。色彩设计应体现空间的稳定感、节奏感与韵律感。通过顶部轻与底部重的颜色关系可以获得稳定感；而节奏感与韵律感可采用有规律的色彩起伏，避免杂乱无章（图4-22）。

●图4-22　WeGrow学校内景
上轻下重的造型与用色，在圆弧起伏中生动变化。

3.色彩处理应完善空间效果

利用色彩的属性来设计空间，可以改变空间的规模和比例，提高分割和渗透的空间效果。例如，当居室空间过高而墙面太大时，应使用收缩颜色；当柱子太薄时，应使用浅色；相反，深色可以用来减弱柱子的粗笨感。此外，自然光的色彩也可以应用在室内，但要注意色彩与周围环境的协调关系（表4-2）。

表 4-2　色彩设计完善空间效果

居室空间过高、墙面过大	柱子过细或过粗	室外的自然光反射
冷色形成收缩感	明亮的色调营造活力空间	日光的色彩带给人治愈的希望

4.色彩多元可满足人群身心

在人们的视觉世界中，色彩具有强烈的情感特征，它可以传递出人们的情绪和心理状态，是人们内心世界外显化的重要表现。空间色彩设计应充分辨析人的身心机能差异，以满足不同人群的色彩偏好需求。例如，男性喜欢简洁、稳定、冷色的空间；女性喜欢明艳、华丽、温暖的空间；孩子们喜欢明亮活泼、对比强烈的空间；年轻人喜欢一些色彩复杂，绚丽时髦的空间；老年人喜欢色彩稳重、和谐温情的空间（表4-3）。

表 4-3　不同人群的色彩空间偏好

男性喜爱的空间	女性喜爱的空间
素雅的家居遇上石料材质，营造出男性刚毅的视觉体验	粉色优雅、柔软丝滑，洋溢着女性追求的活泼和幸福感
儿童喜爱的空间	老人喜爱的空间
基于孩童色彩梦想之下的一个神奇家具空间	原木色，纯粹自然，为老人创造一个温馨宁静的居住环境

（四）空间色彩的有序展示

1.确定色彩格调

室内空间中各种艺术风格的视觉体验具有不同的色彩倾向。其包括庄严厚重、活泼欢快、宁静典雅、质朴温馨、宏伟壮丽、高贵典雅、简约时尚、新颖时髦等。如：简约典雅的风格，可以考虑用石灰或墙面漆来装饰墙壁，用木色家具，搭配盆栽，用布帘或竹帘作为窗户，给人一种简单、朴实、自然的感觉；华丽高贵的风格，可运用高档材料制作家具来装饰房间，铺设纯羊毛地毯，配上古董或珍品；古典优雅风格，可采用做工精致中西古典纹饰进行美化，色彩偏平和庄重（表4-4）。

表 4-4 差异化的空间格调表现

简朴典雅的格调	华丽高贵的格调	古典优雅的格调
空间内部用竹子的伸展造型传递出简约自然之味	圣凯瑟琳教堂主厅繁密装饰凸显奢华与神圣	格洛斯特大教堂中扇状拱顶，如树枝一般，优雅而有力地舒张开来

2.明确色彩主调

在布局室内空间整体色彩时，设计者应从背景色、主体色和点缀色三个方面综合考虑空间的冷暖关系。背景色即室内空间中墙壁、地板和顶部界面的颜色，要确定空间的基本色调需从背景色开始；主体色是室内空间中家具和布料的颜色，它决定了主色调的走向；点缀色（强调色）即为提亮室内空间视觉效果的空间色彩，其颜色往往鲜明响亮（图4-23）。

●图 4-23 柔和淡雅色调的甜品酒吧

背景色、主体色和点缀色之间的颜色关系不是孤立和固定的，其要有明确的图底关系、层次关系和视觉中心，才能获得丰富多彩的效果。同一个空间内的配色除去黑白灰外，不宜超过三种，且大面积色彩不宜纯度过高，金色、银色可作为百搭色配置空间。非封闭空间宜使用相同的配色方案；不同的封闭空间可以使用差异化的颜色方案进行对比。

3.协调色彩关系

从整体空间效果考虑，各空间艺术形象的颜色应围绕主色调展开，并考虑相互之间的色彩互补关系，以满足视觉的平衡需求。为了表达江南民居简洁雅致的空间意境，北京香山饭店在色彩上采用了近乎无彩色的体系作为主题，并在墙壁、顶棚、地面、家具等方向上都贯彻了这一色彩主调，给人们一个统一完整、难忘和极具感染力的印象（图4-24）。具体协调方法如下：

●图4-24　北京香山饭店内景

（1）颜色的重复或呼应。这是将同一色彩应用到几个关键部位上，使其成为控制整个房间的关键颜色。例如，在家具、窗帘和地毯上使用相同的颜色，让其他颜色居于次要且不显眼的地位。同时，色彩之间通过相互关联，也可以形成一个多样而统一的视觉整体（图4-25）。

●图4-25　相同色块产生相互呼应

（2）色彩的有节奏性连续。色彩的规则排列会引起视觉运动或色彩节奏感。色彩节奏感不一定出现在大面积区域，但可以用于相互靠近的物体。当一组沙发、地毯、垫子、一幅画或一束花上有相同的色块时，室内空间中物体之间的关系似乎更紧密，就像"一家人"一样（图4-26）。

●图4-26　色彩节奏感让交流区域的关系更为紧密

（3）色彩的反差与对比。由于相互对比，色彩得到加强。一旦室内存在对比色，人的视觉很快就会聚焦于其上，其他颜色关系就会退居次要位置。通过对比，它们各自的颜色更加生动，从而增强了色彩的表现力（图4-27）。

●图4-27　黄与绿的装饰色形成鲜明对比

（五）空间色彩的差异需求

1.商业空间中的色彩需求

色彩的定位左右着消费者对空间艺术形象的印象，并在一定程度上影响着人们的行为。

（1）需营造商业空间色调氛围：空间色调氛围是指由色彩所引发的色彩心理氛围和空间调性，它不仅仅涉及空间中特定物体的色彩，还包括环境中各界面使用的表层颜色，尤其需要空间光色来完善色调氛围的虚实变化（图4-28）。

（2）需巧置商业空间材质色彩：任何材质的表现都离不开颜色和光线的影响。材料的选择和加工也是确定环境空间视觉认知和心理影响的基础。同一材质的不同颜色，同一颜色的不同光照，以及相同照明下的不同反射色泽，都会产生不同的感知。色彩在材质中的表现可以直接改变材料的轻重感、软硬感、质朴或华丽感，甚至改变了人对物件的大小、距离、运动和静止等方面的视觉心理感受（图4-29）。

（3）需创造商业空间整体和谐：商业环境的色彩设计是以人类视觉感知色彩时的生理、心理适应性和功能性要求为前提条件。在整体与和谐这一基本原则下，对比色的运用将有助于空间的个性化和差异化表达（图4-30）。

2.家居空间中的色彩需求

家居空间形象的色调可以根据不同的风格来确定。年轻人可能喜欢活泼跳跃的颜色，而中老年人往往更喜欢中性和稳定的颜色。客厅和餐厅的颜色应明亮、欢快、宜人为主；卧室为创造私人空间，宜表现出休闲、温馨色彩；书房颜色要柔和，避免强烈的刺激，可点缀些小工艺品等，使色彩和谐；厨卫空间的色彩多以柔和洁净为美（图4-31～图4-33）。

●图4-28 光色借三角几何形状吊顶产生虚幻影像

●图4-29 色彩搭配丰富，提升了橱窗的吸引力

●图4-30 柔和的色彩结合黑线形成和谐统一的空间效果

●图4-31 橘色赋予空间生机

●图4-32 木色配浅色，清爽舒适

●图4-33 光影丰富了空间的层次

三、空间艺术形象的材质

从文明社会伊始，物质的材料特征成就了人类的造物文化。从天然状态提取或人工合成的物质，常成为各空间艺术形象制成品的原料。它是介于自然原材料和成品之间的一种物质状态。

（一）材质的基础认知

材质是指材料的质地，反映其表面纹理、颜色、光泽、结构等特征，也可以说是材料与质感的结合，体现了材料的外部特性。材料一般可从两方面考察其特性：一是材料的物质性，二是材料的人文性。

物质性是指材料在物理和化学方面的属性特征。

人文性（精神性）是指人们根据材料在物理方面所表现的状态反映于人心理中所展现的特征。材料固有的物质属性，如质量、重量、硬度、颜色和形状，会在人们的头脑中产生一种意识和判断，并获得相应的情绪表现，成为材料精神性的体现。

（二）室内空间中的材质

室内空间中的材料种类繁多，从室内空间艺术形象的材料外在质地展现与各围合界面关系来分类，有结构材质、墙面材质、地面材质、顶面材质四种类型（表4-5）。

表4-5　室内围合界面的材质类别

| 结构材质 | 墙面材质 | 地面材质 | 顶面材质 |

1.结构材质

结构材质主要是指可以支撑空间、构成建筑内空间层面的材料，如龙骨材料。

2.墙面材质

墙面因占面积较大而成为视觉的中心焦点。墙面是整个室内空间的大背景，作为空间中最重要的部分，它除了具有装饰作用外也必须具有一定的承载作用。墙体材料主要有石材、瓷砖、木装饰板、玻璃、不锈钢等。

3.地面材质

地面材料主要分为三类：石材、地板和瓷砖。

4.顶面材质

顶面作为室内空间中的重要构成部分，装修造型上丰富有趣，可选择的材料也多元化，顶面材质大体可分为面板和装饰性架构龙骨两类；面板材料包括普通石膏板和防水防潮板。架构龙骨分为金属龙骨和木龙骨。

（三）室内陈设中的材质

1.家具类材质

家具材料主要包括实木、软体构成、不锈钢、玻璃和藤条。实木家具的表面呈现出美丽的纹理和自然的色泽（图4-34）；软体家具主要包括沙发和床，它是由框架和海绵构成，通常外包织物或皮革的家具；不锈钢和玻璃家具采用人造板等辅助材料制成，具有通透感和时代感；藤制家具往往色彩典雅，清新朴素，古朴自然。

2.织物类材质

织物类的材料给人一种亲切、温馨、柔软和自然的感觉。它们在视觉上有着丰富的色彩、质地和图案；从触觉上可以体会到光滑、柔软等。创造性地使用织物布置可以定义整个空间。多种应用方法经常出现在窗帘、墙壁、家具、各种桌子铺设和其他需要与人体密切接触的部位（图4-35）。

3.装饰品材质

它可以美化室内环境，营造室内空间的文化氛围。不同的装饰品的装饰效果大相径庭，如盆景花、绘画、雕塑等手工艺品，纯粹是为了观赏。但它们却是由多样的材料制成，如玻璃、陶瓷、金属、木材、竹子等，其不同质地的纹理产生不同的装饰效果。

（四）材质与人的心理感受

室内空间的材质应遵循形式美的原则，充分利用材料的固有特性来体现材料的美。

1.冷与暖

冷暖差异与材料的性能有关。一种是通过身体的触觉接触来感知材料的冷暖；另一种是借助视觉感知材料的冷暖性能。例如，金属、玻璃、石材等材质所传递的视觉表现力是冰冷的，给人一种高贵、冷艳、华丽的感觉（图4-36）。木材、织物等材料传递的视觉表现更加温暖，纹理温润自然，给人带来空间的安全感和幸福感（图4-37）。

●图4-34　条案

●图4-35　手工藤编椅

●图4-36　冷性材质

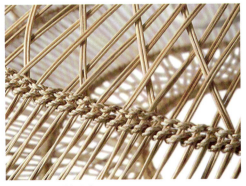

●图4-37　暖性材质

2.软与硬

室内空间的软硬材料会直接影响人的心理感受。从柔软的织物到坚硬的玻璃和金属，其触觉有很大的跨度。软材料亲切、柔软，亲和力更强；硬质材料挺拔、坚固、强劲。在室内空间材料的应用中，应充分体现每种材料不同的软硬特性，以满足设计要求。营造温馨舒适的空间需要适当增加软材料（图4-38）；反之，则需要选择硬材料（图4-39）。软硬具有相对性，这与它们各自空间的位置和面积有关。

●图4-38 软性材质

●图4-39 硬性材质

3.轻重感

金属、石材等材料会给人一种坚硬粗糙的厚重感，适合营造庄重沉稳的空间氛围（图4-40）。玻璃、有机玻璃和丝绸等轻质材料使空间更柔和、通透性强，可以有效减弱空间的拥挤和压抑（图4-41）。多种材料的轻重感为室内空间提供了各种视觉张力的表达。

●图4-40 厚重材料

●图4-41 轻质材质

4.肌理感

这是指材料表面的纹理。不同的材料有各自独特的肌理表现语言，可以带给人不同的心理感受。例如，大理石的质地在加工前后保持不变，但纹理会有明显的不同，这使得人们有不同的视觉肌理和触觉肌理感受。材质肌理的美感是人们基于心理感受对材质表面纹理所做的评价结果，各类材料所呈现的横直纹理、不规则曲线纹理和斜纹交错纹理等相互交错组合，为室内空间提供了丰富的视觉美感。

5.质感

材料质地的感知可分为触觉质感和视觉质感。触觉质感是三维的，可以用手感觉到；视觉质感是二维的，可以通过眼睛感知到。材质从粗糙到精细的丰富变化不仅影响人们的视觉，也影响其触觉，合理运用这一特性会产生粗犷风格到精致品质的感知差异。

（五）室内空间材质选取策略

材质的选择是室内空间艺术形象设计的重要环节。在设计中，应遵循设计的完整性、实用性、目的性、美观性和舒适性，通过材料颜色、明暗、肌理、纹路、质地的合理搭配，使设计具有合理的节奏，从而满足室内设计的意境美需求。

1.契合室内空间的功用性质

室内空间材质的选择和应用首先须符合使用功能的要求，以满足有效、方便、安全、环保的基本条件。材料表面纹理、颜色、质地等特性是表达设计和创造视觉空间意象美感的关键。不同空间的性质和用途是由不同装饰材料来表现及完善的，如卧室木地板与厨卫瓷面砖是因空间功能不同而有所取舍。

2.满足空间使用者多元需求

室内空间材质因不同的使用者需求而有不同的选择，如老人所使用的空间，不适合选用冰冷的金属、光滑的石材。木材温润自然、质轻柔软，能给老年人营造一个质朴安逸的环境。

3.紧随设计时尚的动态更新

由于现代室内装饰材料的设计具有动态发展的特点，这要求采用无污染、质地和性能更好、更新颖美观的材料持续地来替代传统过时材料，并挖掘其质地"美"的多样应用方式。

综上所述，材质因自然原始感和自身纹理的随意性，形成了自身独特的气质与魅力价值。设计师通过不同材质在肌理、色泽、质地、形状等属性上制造美感，可创造出独具视觉魅力的空间艺术形象。

四、空间艺术形象的式样

为了强化不同文化间的交流与传播，各地民众在长期的生产生活实践中将自然形象与人造形象不断加以提炼简化，并为之注入特定内涵，形成具有"意义"的视觉"式样"。各式样呈现虽繁简不一，但都能一目了然地成为某一文明的代表性符号或图示，是时空积淀下的经典视觉语言。

室内空间艺术形象设计，可借助空间主要部位和特征将式样展现，并彰显着时代的空间气息。世界不同地域空间艺术形象的"式样"在人类漫长历史演进中逐渐以趋于一致的形态呈现，其也是文化认同的结果。各类式样多以各自"造形"配合"色"与"质"的差异表现，丰富着室内空间艺术形象的常规判断，成为确定空间风格的重要因素。如回纹类型在不同地域有着差异明显的表现（表4-6）。可以说各式样组合后通过更丰满的空间艺术形象影响着空间风格的感受倾向，如中式风格可有"汉风"与"唐风"之间的细微式样区别。

古今中外，不同的文化造就了室内艺术形象的式样表现缤纷多元，式样往往作为空间中约定俗成的视觉符号带给人们不同的审美，也为空间艺术形象的创新设计注入了无限活力。如宗教文化中有多种信仰的符号可以成为空间形象创新

表4-6　回纹式样

式样	图例
中国	
希腊	
阿拉伯	
摩尔	
塞尔特	
犹卡坦	
墨西哥	

表 4-7　宗教文化中的经典式样

佛教法轮	藏传佛教	道教	犹太教	基督教	拜占庭	伊斯兰教

时的式样来源。（表 4-7）

　　由于人们对室内空间艺术形象的体验是多元且复杂的主观过程，其中既包含外来式样的眼花缭乱，也存在自有式样的固守坚持。因此"式样"评价的体验是多元的、复杂的、矛盾的。室内设计通过式样选择这一环节，以"体验"为出发点和落脚点、以"文化结合"为主要方式，寻求一种"统一"且"平衡"的主观感受，从而对室内空间艺术形象的变化产生多重影响。以下列举一些典型空间式样，并从不同时期、不同地域、不同民族视角展现其多姿多彩。（表 4-8、表 4-9）

表 4-8　西方地域空间艺术形象设计的典型图案式样表现

式样	图例	式样	图例
古埃及	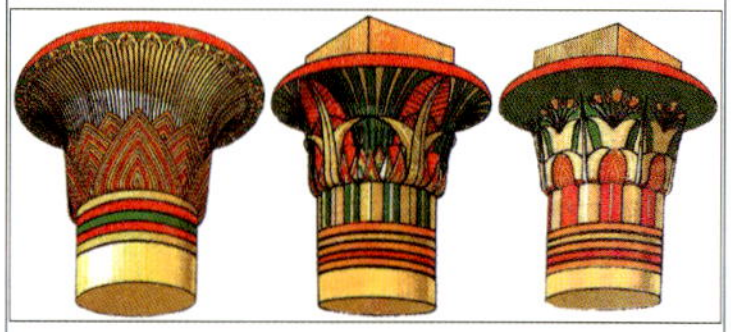	庞贝式	
亚述和波斯		希腊式	
古希腊式		土耳其式	
罗马式	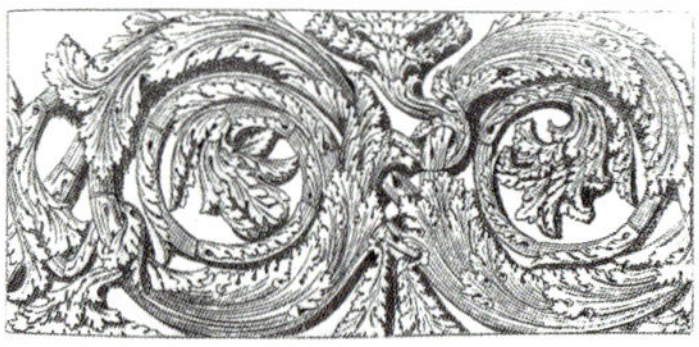	阿拉伯式	
文艺复兴		拜占庭式	
伊丽莎白时期		中世纪	

表4-9 东方地域空间艺术形象设计的典型图案式样表现

式样	图例
中国	
日本	
波斯	
印度	

五、空间艺术形象的照明

光的存在使我们看到了五彩缤纷的世界。没有光的空间，就不会有视觉中的所有形象。在室内空间艺术形象的照明设计中，自然光与人造光共同结合，不仅满足了人们视觉上的功能需求，更创造出魅力无穷的空间艺术形象之美。

（一）照明基本知识

1.光照的基本概念

在室内空间使用不同的照明类型和照明方式是实现照明艺术设计的主要手段。

光通量是指人类眼睛能感受到的辐射功率，它是测量光源发光效率的物理量。照度是指被光照射的表面上每单位面积内所接收的光通量，其单位为勒克斯（lx），用于表示光的强度和物体表面积被照明程度。

这种平面上接受光通量的面积密度，也是确定室内环境亮度的间接标准。此外，灯光的显色性反映了光能将物体色彩真实还原出来的程度。

光色，或称光源的颜色，用来表示光颜色的数值，主要取决于光源的色温。色温是一种表示光线中所包含颜色成分的测量单位。当色温低时，人会感觉温暖，反之，则感觉凉爽，因此色温可影响室内环境氛围。

亮度，是指发光体表面的发光和反射强度的物理量。人眼从一个方向观察光源时，该方向上的光强度与眼睛所见的光源面积之比被定义为光源单位的亮度。这里提到的光强度，即发光强度，是表示物体亮度的一个重要物理量。例如，在相同的照度下，白纸看起来比黑纸更亮，因为白色表面上的材质比相同类型的黑色材质具有更高的反射系数（图4-42）。

2.光源分类

室内光源大致可分为自然光源（图4-43）和人工光源（图4-44）。室内对自然光的利用方式通常称为自然采光，不仅节省了能源，而且使我们在心理上更接近自然，让视觉上更为习惯和舒适。自然光源一般包括阳光、月光和星光。阳光亮度高、光色完整、显色性好，也是一种完全清洁、零能耗的光源。

根据光源方向和采光口位置，自然光源可分为侧采光和顶采光两种方式。

（1）侧面采光可分为高、中、低侧面光。室内环境为获得相对均匀的照度且优质户外景象，采光口可选择良好的朝向和室外景观。侧面采光具有明显的方向性，有利于阴影的形成，但随着房间深度的增加，采光效率逐渐降低。因此，通常增加窗户的高度，或采用双向采光或转角采光来弥补这一缺点（图4-45）。

（2）顶部采光是自然采光的基本形式。由于光线自上而下，照度分布均匀，灯光颜色更自然。但当上部有障碍物时，照度会急剧下降，因此这种采光通常适用于室内环境中的高宽空间（图4-46）。

人工照明，也被称为"灯光照明"。对于室内环境，人工照明具有功能和装饰两方面作用。从功能的角度来看，建筑内部的自然采光往往受到时间和场合的限制，因此需要人工灯光的补充，以满足人们的需要；从装饰的角度来看，除了满足照明功能外，还需要满足美学和艺术的要求。根据装修空间的不同用途，两者的比例是不同的。例如，工厂、学校和其他工作场所需要多从功能使用的角度考虑，而娱乐休闲场所则强调艺术视觉效果。

人工光主要是人类通过消耗各种能源获得的照明。人工光源可分为非电光源和电光源，非电光源是传统的光源。在发明电灯之前，我们使用的人工光源是非电光源，如蜡烛、篝火、油灯和煤气灯。电光源是指以电能为能源的光源，如白炽灯、荧光灯等。

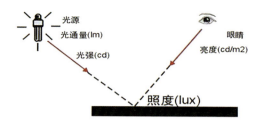

●图4-42 光照术语

●图4-43 自然光源的商店

●图4-44 人工光源的橱窗

●图4-45 侧面采光

●图4-46 顶部采光

3.照明布局形式

照明的布置形式主要分为基础照明、重点照明和装饰照明。

基本照明是室内空间最基本的照明方式。它是指在大空间内使用统一的固定灯具，为房间提供最基本的照度，形成一种风格，也称一般照明（图4-47）。

重点照明是一个旨在突出特定目标或让局部产生聚焦了的色调性投光，通过光的诱导作用使观者获得最突出的视觉形象感受。这些视觉焦点形象主要是各种陈设物品以及建筑装饰的细部，许多商业环境中的光环境，如橱窗服装模特，配合重点照明设计，就能提高陈列商品的吸引力，增强购物消费的欲望（图4-48）。

装饰照明，又称气氛照明，是在基本照明条件下，利用装饰性灯具来补充光线，增加空间层次，营造环境氛围。装饰照明主要将光当作主角，通过塑造各种造型的光来获得美感。例如，餐厅多采用较丰富的红黄色光照，使食物色泽鲜美，增强我们的食欲；而KTV、舞厅和其他空间则使用具有旋转和闪烁等特殊效果的时尚灯具，以营造令人兴奋和热闹的氛围（图4-49）。

4.照明方式

根据不同空间性质下的灯光照度和亮度要求，具体的照明方式有五种：直接照明、半直接照明、间接照明、半间接照明和漫射照明。

直接照明是指90%以上的光线分布到工作面的照明方式。裸露方式安装的荧光灯和白炽灯均属于此类。因其特点是亮度高，故通常用于公共大厅或需要局部照明的场所。

半直接照明是利用半透明材料制成的灯罩覆盖光源的上部，以便直接发出大部分光线，其余光线通过灯罩扩散和漫射的照明方式。由于漫反射光可以照亮顶部并增加房间顶部的视觉高度，因此它通常适用于较低矮的空间，能产生更高的空间感。

间接照明是一种遮蔽光源并产生间接光的照明方式。因它的特点是光线柔和，没有强烈的阴影，所以常用于需要安静平和的客房或卧室。在商场、服装店、会议室等场所，它一般用作辅助照明，以提高环境的亮度。

●图 4-47 基础照明

●图 4-48 重点照明

●图 4-49 装饰照明

半间接照明是在光源下部安装半透明灯罩，60%以上的光线射向屋顶，形成间接光源的照明方式（图4-50）。这种特殊的照明效果，也使较低的房间感觉更高，如让住宅的门厅、过道等空间较小的部分产生宽阔感。

漫射照明是利用灯具的折射功能来控制眩光，并向周围扩散光线的照明方式。这类照明因具有柔和的光线性能而产生视觉舒适性。如在卧室环境，带有半透明球形罩的灯光可漫射出温馨体验。

●图4-50 半间接照明

（二）室内照明的作用

人是照明灯光设计服务的对象和存在的目的。在进行室内照明设计之前，有必要对用户的年龄、职业、习惯等进行明确定位。不同人群对光有差异化的需求，比如年龄越大者，所需灯光亮度越高。同时，不同的场合对照度也有所不同，如写字楼、餐饮空间、住宅等对于照度的要求都各自规范。

1.营造环境艺术气氛

不同的场合需要创造各自特定的灯光照明，就像人在不同的场合活动应有与之相称的行为和仪容一样。光的颜色和亮度可以影响和暗示人们的心理，给人以客观的感官印象，激发人们的欲望。明亮的房间比黑暗的房间更易感到和谐氛围。如教堂空间需要神圣崇高的氛围，光线由顶部天堂的"亮"过渡到人世间的"暗"，宣扬去恶为善的宗教教义（图4-51）；休息空间需要宁静亲切的氛围，清晰柔和的光线，让人放松地舒适交流（图4-52）；娱乐空间需要激情四射，光线可明暗交替，强弱配置，形成视觉的刺激，调动起每个细胞的活力（图4-53）。因此，通过对光线的合理利用，生活在空间氛围中的人们将深受感染，产生与这一建筑空间功能相应的心理兴趣。

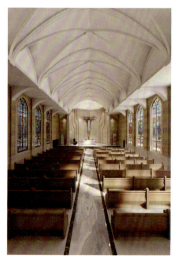

●图4-51 教堂空间　　　　　●图4-52 书店空间　　　　　●图4-53 娱乐空间

●图 4-54 "光墙"
阿布扎比卢浮宫博物馆，整个空间由钢材自由穿孔的编织材料构成，白天形成室内"光墙"，到了夜晚，将会变为一片漆黑中光的绿洲。

2.打造个性视觉空间

光的作用可以充分体现空间界面的不同效果。光线的不同分布方式可以让室内空间活力四射。如当用点光源照亮粗糙墙面时，能增强其表面质感。光通过增强物体的阴影，让光影在相对比中强化空间的立体感。由于室内空间的开敞性与光线的亮度成正比，这使明亮的房间感觉更大，黑暗的房间感觉更小。此外，通过加强或减弱空间中界面上的照明，均可起到模糊空间的界面和轮廓的作用，从而削弱空间界面的围合感，扩大视觉空间。例如，设计中常用光与室内界面的互动处理技巧，使墙面、地面上产生光影的视觉变化，从而让空间有更趣味、更宽广的视觉效果（图4-54）。

3.吸引视线形成焦点

对于室内环境而言，室内空间的亮度分布具有显著的方向性和导向性。巧妙地设置光的明暗对比可以有效地吸引人们的注意力，形成视觉焦点，给人一种动态的空间感。这时，由于照明的指引作用，运用排列的光点能引导人们的视线，巧妙地影响人们在室内的流动方向。如控制光线强度的变化，刺激人们的视觉，形成引人注目的视觉中心。

（三）室内照明设计的原则

安全性原则：由于灯具在使用过程中会产生一定的热量，如果这些热量不能及时散发，很容易引起火灾。此外，照明设施的线路不应暴露在墙外，尤其是线路接口。如果不密封，容易触电。例如，在家庭环境或公共商业场所，为保证灯具及其使用的安全性，灯具及其设施必须设置在儿童接触不到的位置。

实用性原则：照明的实用性取决于空间的使用情况。例如，在大型商业空间中，多选用高照度的光影效果；而在休闲商业空间中，常采用相对低照度的光影表现。然而，有时在低照度空间，通过局部加强照明来突出重点区域的方式也可以获得理想的艺术照明效果。

艺术性原则：艺术性要求设计师在设计过程中更巧妙地运用色彩与光影的搭配效果，

并充分利用交叉布局的设计方法，使室内空间呈现出动感优雅的效果。这让视觉能感受到神秘、浪漫、和谐、温馨等不同格调下的光影重合。例如，在墙内安装一盏灯，将金属板或图案覆盖在墙上，光线从墙内透射出来，好似在墙上作画，具有显著的装饰效果。

经济性原则：在特定的室内空间中，一个好的照明设计应该以满足人们的身心舒适为出发点。其既不能过度追求美观而天花乱坠，也不能一味追求个性而稀奇古怪，而要根据空间和用户的实际经济状况，进行综合性判断，让照明设计最终成为整个空间的点睛之笔。

综上所述，当室内空间有了精彩照明，就能让空间更加高效，更具艺术魅力。在设计时灯光照明应侧重于营造不同功能空间的环境气氛，通过强化空间形态，展现色彩和材质的效果，体现形体块面间的层次关系，以丰富空间层次的变化。同时，其弱化室内空间的界定，拓展视觉空间，引导动线，控制人流，实现"光"与"影"的梦幻效果。这让人在流连忘返的导向中获得多样的光影视觉体验，进入"形"与"意"相互交融的更高审美境界（图4-55）。

●图4-55 过道光照

第二节 室内空间艺术形象的"塑形"方法

"空间"与"艺术"两词结合的出现，表明空间艺术形象美感的构成应基于空间形式美的规律。万物有形，其态各异。无论是自然界的馈赠，还是人类的创造，生活已被多样化的形态所包围。只有不断推陈出新，打破原有固化思维，通过"动态"的多样表达来丰富单一静态的室内环境，室内空间艺术形象才能保持经久活力。在满足人们各种身心需求的条件下，众多思维表达途径可归纳出六类创新表达方向，为空间艺术形象创新找到最佳的表达技巧与方法。

一、"仿"之万物，模拟创新

"仿"的模拟式创新作为一种非常重要的思维方式，是根据世界上现有的自然物或人造物的形象进行模仿，制作出形态具象化或意向化的创造性活动。"仿"是人类获取创新信息最直观的方式，可对万物的动态与静态两种状态做出不同环境下的各类模仿。

在室内产品设计方面，运用"仿"的手法能将家具等物品与其他似乎完全不合适的物体混合在一起，并以不寻常的外观设计方式吸引消费者的视线。由北欧家具设计大师汉斯维纳设计的孔雀椅就是采用了仿的创新思路。椅背呈扇形，并用细木条排列组合填充靠背空间，整个椅背的形状像孔雀的尾巴，形状独特而美丽，令人想起孔雀开屏的景象。它既有质朴天然的亲切感，又有生动的趣味感（图4-56）。再如针对具有人性顿悟意向的慧眼所做的佛眼灯设计，灯亮为睁开眼睛，灯灭即闭上眼睛，适合安静的禅味空间（图4-57）。

在室内空间设计方面，也有很多模拟式创新方法的使用，比如远古时期原始人就是根据动物穴居空间特点，从找寻天然形成的山洞躲避风雨灾害开始，到模仿洞穴建筑房屋。最典型的空间案例就是黄土高原上独特的民居形式"窑洞"（图4-58）。

此外，现代很多拱形的壳体建筑结构就是模拟蛋壳的形状而来的，如中国国家大剧院，英国蛋形建筑等（图4-59、图4-60）。针对建筑内部空间，可仿海洋世界（图4-61）、仿冰雪天地、仿原始森林、仿苍凉沙漠、迷幻星空等。

●图4-56 孔雀椅
椅背以多条木杆制成，形似孔雀，因而得名。孔雀椅的设计灵感来自传统的英国温莎椅。

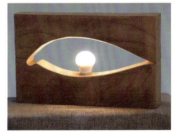

●图4-57 佛眼灯

●图4-58 黄土高原的窑洞

●图 4-59　中国国家大剧院

●图 4-60　英国蛋形建筑

●图 4-61　仿海洋世界

　　"仿"的模拟式创新设计手法可以赋予室内空间各形象以强烈的个性特征，其强调设计的趣味性，来引起使用者的共鸣，从而能够满足人们轻松、幽默和愉悦的精神需求。具体而言，有五种"仿"的构思方式。

（一）　仿事物外在形态构思

　　这是针对自然有机体（包括动物、植物、微生物、人类等）和自然界物质存在（如日、月、风、云、山、川、雷、电等）所具有的典型外部形态及象征寓意的认知，寻求模仿上的视觉突破与创新方式。如模仿骷髅形状并加以抽象化和艺术化的骷髅椅（图 4-62），以及模仿白天鹅独特睡眠姿势的靠椅等（图 4-63）。

●图 4-62　骷髅形状座椅

●图 4-63　天鹅睡姿椅

（二）仿事物结构构思

生物及非生物结构是自然界中万物进化抉择后所做出的重要存在，并决定了物质组织的各类逻辑形式。如通过模仿细胞突变或细菌有机生长形式，挖掘微观结构赋予室内空间形象时，就能产生新奇视觉创新体验（图4-64）。

（三）仿事物功能构思

"仿"功能的设计主要研究物象的客观功能原理和特性，并从中获得启示，以促进室内产品功能的改善或新产品功能的开发。例如，树枝可以承受鸟类和动物的重量，这类似于书架支撑书籍的功能，书架隔板可以模仿成树枝状（图4-65）。

（四）仿物体表面肌理与质感构思

自然生物的表面纹理和质感，不仅是触觉或视觉的表征，更代表了某些内在功能的需要，具有深层次的生命意义。例如，老树的树皮和动物的毛皮纹理具有不同的视觉感受。不同的肌理强化了视觉外观，传递了生命的痕迹（图4-66）。

（五）仿生命化的构思

人物、动物和植物是最具生命力的模仿样式。除了逼真再现外，其生命活力也是经常被模仿的内容，即无生命物质的生命化。一般而言可以用拟人化或拟生物化来赋予（图4-67）。

"仿"的模拟式创新方法要求设计师从自然界各式各样的不同形态中汲取灵感，深入分析其形态、结构与功能，抓住典型特征，"仿"既可是静态，也可是动态，甚至是对水和火等移动物质的瞬间模仿。在满足空间功能要求的基础上，只有对自然形态进行夸张总结，提炼魅力，才能将其与空间中的构件、界面、陈设等巧妙融合来创造新视觉感受。

●图4-64 "突变"系列家具
比利时Maarten De Ceulaer设计的不像人造而像是自我不断繁衍的"突变"系列家具。

●图4-65 树枝书架
采用"仿"的设计手法，模仿树枝的生长原理，与书架支撑书籍这一功能相结合。

●图4-66 斑马纹座椅

●图4-67 仙人掌座椅

二、"换"之交替，置换创新

这是在形态自身或形态之间替换相应的构成要素或所有要素，或多或少形成新意视觉样式的设计活动，其具有发散联想的思维特征。当人们积累一定数量的视觉元素后，就可以获得众多可替换的符号。

具体形态的构思方法可分为：同形异构、异形同构、异形异构。这里的"构"就是一种置换的变化手法，是一种产生新形象、新概念的过程。同构形态往往是将两种以上的物体形态相结合，并巧妙地为它们之间注入某种相似构成因子，即不同的物件关联方式可以包括相似、接近、相反、谐音、寓言等联想，由此再进行"形构"时，就会挖掘出素材的丰富性。

（一）"同形异构"的创新应用

即相近的视觉形态，不同内容的构成方式，如以"运动"球为造型创意点的座椅设计中，可根据"圆球"特点，进行"球"置换的内容有篮球、保龄球、乒乓球等。当然思维还可再开阔点，所有球形状的物件均可来置换。如星球类有：太阳、地球、火星、金星、土星……；水果类有：橘子、苹果、西瓜、葡萄、榴莲……；蔬菜类有：土豆、西红柿……；以及其他球状人造物（图4-68）。

（二）"异形同构"的创新应用

即相似的结构组成会产生不同内容的视觉形态表现。如鱼类的组成结构是头、身、尾、鳍等，通过对其置换不同的内容，就可组合产生视觉特异的多样鱼形。同样的，对家具不同部位进行"特殊"置换就可产生全新效果（图4-69）。陈设空间因组成结构相同而相似，设计者可在相同位置换置不同画、灯、家具等陈设品就能变化出多样的空间形式。

（三）"异形异构"的创新应用

即不同形态内容和不同构成方式的交错组合。如张冠李戴般在不同物象间进行交叉组合，组成形态奇异的视觉形象艺术作品（图4-70）。

●图4-68 单人篮球转椅

●图4-69 同构下的人脚椅子

●图4-70 差异元素混杂的组合椅

三、"调"之渐变，量变创新

"调"是一种有针对性地对原始形态进行物理机械或化学处理，从而产生各种渐进式形变的样式。"调"往往通过对室内空间中的各种物质形态的整体或局部施加渐进式动作，以此获得独特视觉空间艺术形象。它应用于对象的动作可以是局部的，也可以是整体的。"调"可以包括常见物理特性的动作，如挤压、按拉、扭转、撕裂、捆绑和飞溅等；亦可包括非机械特性的动作，如燃烧、沸腾和腐蚀等。此外，同一动态手法的使用因人而异，进而产生多种表现结果。可以说，这种设计方法，可在"调整"大小、多少、深浅、轻重、宽窄、长短、厚薄、软硬、左右、前后、虚实、全残、开闭、透明……的过程中，找到新的视觉形象。

在德国设计师巴斯的一系列燃烧作品中，其借助于"火"的动态处理，对古今家具、名作进行整体"调整"，有效全程掌控了"火"的动态渐变过程。如在对"红黄蓝"椅的"烧制"中，这种"烧"的最终结果体现了思维对从常态"调"到异态的全过程监控（图4-71）。

在室内空间中，传统单一的静态陈设方式不能够满足空间体验需求时，渐进式的动态展陈方式就显示出了优势。如陈设空间顶部或墙面做波浪式的形态渐变，以数列等距微调方式可打破静态的沉闷感，这能极大提高空间陈设的吸引力和可读性，激发观众的观看兴趣。在相同的动态手法调整下，因设计者对产品和空间的关注部位不同、使用动作的力度与持续时间长短不一，以及心理偏好差异，都会导致不同的视觉效果呈现（图4-72）。

四、"化"之突进，质变创新

"化"的形变式创新是在外表差异化的物象之间寻找多种关联点，并在形态的跨越式转变过程中确定室内各物象形态的方向。"化"不同于"调"，"调"在各类动作变化的尝试中或多或少保留了最初形态的痕迹，"化"则完全脱离了固有的形式，在变化中形成了新的样式。因此，"调"是"化"的量变手段，"化"是"调"的质变结果。

例如，中国古代的匡几图（图4-73）就以"化"的思维，将可以存储在一个方盒中的组件转化为相互

●图4-71　Smoke系列
此椅子是经过焚烧并在表面涂上环氧树脂而成的作品。

●图4-72　Sou Fujimoto的虚拟装置

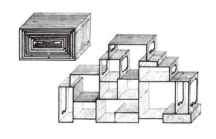

●图4-73　匡几图

拼接的搁物架。再如以木条平行组合的凳子，其通过转化改变不同形状，变成人体所需要的各种舒适坐姿。这些陈设物都是运用了"化"这种明显形态突变式的创新取得独特的巧妙功用（图4-74）。

形变设计思维中，需要找到A与B之间的内在联系，而不再局限于外观的表现，正如"看山是山"是对事物形态的基本感知，遵循眼见为实的体验。"看山不是山"是人能从事物中体会内在本质，脱离形的束缚。"看山还是山"是设计者能有效结合人的需求与物的特色，创造出符合时代发展的新形象。如纯粹的白净圆球，作为A形，可以加上人的多元需求，分裂成形式各异的部件，变异中或成灯具，或成柜子，或成电扇，或成花瓶……设计中"圆已不是圆，但圆还是圆"。

室内各实体形象突进时的质变创新要求设计师具有开拓性的勇气和敏锐性的观察力，才能颠覆旧事物的原貌，以创造更具个性和多样性的设计作品。

五、"饰"之美化，装饰创新

装饰是人们有意识地规划和整合自己的生活和生存空间，从而创造既美观而又舒适的室内空间环境，并且赋予其一种独特氛围的综合性艺术。装饰似乎自古以来就受到人们的推崇，原始社会时期的洞穴墙壁上就有各式壁画（图4-75）；随着时代的发展，中西方的传统室内空间中充满了形态各异的装饰艺术；现代设计空间中，构成艺术与机械美学的融入，使得装饰体验更加多元。其实简洁与装饰是相对的，需要设计者根据人与空间的需求反复推敲，才能确定适度的方案。

"饰"之以新意，即是通过描绘或雕刻等手法，将造型、色彩、肌理等内容以视觉美化方式整合到空间形态之中，让被装饰主体获得合乎功利性要求的美化。装饰有效满足了人们的身心需求，"饰"之法对空间艺术形象的美化既可以是表面化的形状装饰，也可以是肌理般的立体化形体堆积。

平面化装饰的手法应用广泛，可以在织物、家具、灯具等陈设物表面做图案纹样，也可绘制、印刷各类图像。

立体化装饰手法可以给人们带来多维空间的艺

●图4-74　可手折的圆面凳

●图4-75　法国南部阿尔代什省肖维岩洞

术体验。例如，战国时期的错金银龙凤铜方案，嵌以漆木质案面，案座四龙四凤立体缠绕，表面满饰错金银图案，造工细致华丽（图4-76）。再如用众多形态相似、大小不同、方向各异的熊猫玩具堆放在普通椅子的框架上，可立体化地创造出一种熊猫群集椅子上的新奇感受。

装饰创新能直接影响到空间整体效果。如织物与墙纸通过图案、材质及技术来表现不同的视觉特点，在很大程度上决定着界面风格走向。社会发展越快，人民生活水平越高，就越需要装饰来满足人们深层次的精神需求。

●图4-76 战国错金银四龙四凤铜方案

六、"合"之为一，组合创新

组合式创新是一种集中式联想的思维模式，综合考虑室内物体形象在功能、材质、色彩、式样等方面的成就。其既有陈设品物件自身的组合，也有空间整体的搭配组合。

针对"合"的方式而言，首先体现了形态间的复合关系理念。例如，南宋的黄伯思所设计的《燕几图》（图4-77）、明代的《蝶几图》。蝶几图就是一件组合家具的设计图，组合桌以十三张为一组，利用这样的配套小桌，可拼出几十种摆放方式。美国一家博物馆收藏有一套18世纪的"带冰纹脚搁的七巧桌"，其造型完全采用了蝶几的风格与理念（图4-78）。

其次是功能组合，沙发可变化拥有床、桌子的功能，花瓶可结合灯的功能等。最后是材料的综合运用与空间摆放的多样组织。在室内空间整体的搭配组合方面，要充分考虑空间整体的色调，使造型有序组合才能设计出一个和谐舒适的空间环境。

以上"形变"六法的六类动态表达方式是微观创新层面的概括性思考，如"仿"内容的广泛性，"换"元素的多样性，"调"视角的丰富性均可为我们具体的设计实践操作构建坚实基石。这将贯穿于设计创新意识的所有构思环节，物象动态改变的痕迹也会轻重不一。设计者需要综合考虑，突破过去空间形象呈现的常态模式，获得空间艺术形象设计的多样表现力（图4-79）。

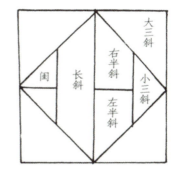

●图4-77 《燕几图》

●图4-78 带冰纹脚搁的七巧桌

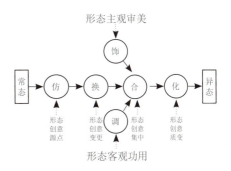

●图4-79 形变"六法"

第三节　室内空间艺术形象设计思维方式

室内空间艺术形象设计思维的养成需要进行相应的训练，可用以下四种方法。

一、头脑风暴训练法

头脑风暴法，也被称为智力激励法，是一种激发思维的方式。其适合于多人设计小组间的积极讨论，以激发个人斗志及团队合作精神。最终众人通过共同拟定的评估标准，选取最有效地解决问题的方案。

二、思维导图训练法

思维导图训练法是对特定概念进行放射性训练的一种方法。它需要针对主题利用图文将各级关系展现，并将大量信息转化为可交流的、有组织和有价值的图像符号，并在此基础上绘制思维导图的主干和分支。以"爱心"为空间形象主题设计为例，运用思维导图的训练方式，将爱的类别、爱的主体、爱的物件、爱的寓意等用形象化、具体化方式串联，让大脑对导图产生一个新的看法，以便找到可实施计划的方向。具体而言，"爱"包括友爱之义、普世之爱、忠国之爱、亲家之爱、思恋之爱、友谊之爱……，在此基础上又可不断联想延伸出"爱"的具象之形，思维如同大树繁盛生长，绽放创意之花（图4-80）。

●图4-80　红星闪闪——革命忠爱

三、联想思维训练法

联想思维是指在人脑记忆表象系统中，由于某种诱因导致不同表象之间产生联系的一种没有固定思维方向的自由思维活动。其训练可从相关联想、相似联想、因果联想、对比联想、接近联想、谐音联想等方面展开。可以说，通过上述思维的自觉认识，可以有针对性地监测设计活动的全过程，找到最佳创新思路，从而激发自身的设计潜力。

四、形意场思维训练法

形意场思维法是借助"形"的动态变化与"意"场的互动评价，在平衡比较中展开综合训练。这一方法让形的具象化与意的抽象化之间能相互交叉作用，推动人借助"形变六法"这一形态塑形手法，在具体场所中做出思维的判断，并以八个意向场60因子来权衡产品形象或空间形象的艺术优劣（表4-10）。其也可借助多样的感性词汇描述人类丰富的情感需求（表4-11）。

表4-10 "意动八场"60因子

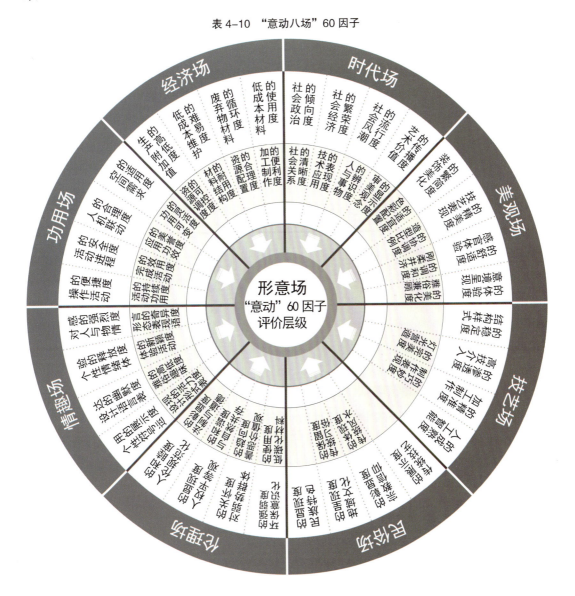

表4-11 "意动八场"感性词汇表

第四节　室内空间艺术形象主题创新思维训练

创新思维和创新技法在创造学中有着深刻的内涵。在设计创作中，要关注精准的设计创意定位和丰富的表现形式，注重设计逻辑思维能力与综合评价能力的培养。

一、文学意象的室内空间主题表达

文学作品有着大量典型艺术形象可供室内空间增添视觉艺术魅力，这包括诗词、小说、戏剧、童话等表现形式。现代美学大师宗白华在《艺境》中曾说："艺术意境之表现于作品，就是要透过秩序的网幕，使鸿蒙之理闪闪发光。这秩序的网幕是由各个艺术家的意匠组织线、点、光、色、形体、声音或文字成为有机谐和的艺术形式，以表出意境。"如中国古典诗词用精炼的言语将意象美与意境美传达给读者，使其产生情感上的共鸣。相应的，当将诗词意象进行实体化的场景空间组合时同样能激发人的情绪感触。以下将以中国古典诗词意象的空间转换为例展开思维训练。

（一）古诗词意象下的室内空间主题提炼

中国的古典诗词所散发的魅力让我们的生活更加艺术化。将古诗词作为室内空间的艺术形象主题既可以借助诗词之美来陶冶人的身心、提升生活品质，又可以借用室内陈设的物质载体传递空间精神文化追求。在室内陈设艺术中，诗歌中的文字和语言表达可与装饰构件、家具、灯具、织物、装饰品、书画、植物等对象组织相对应。设计师用当代人的思维来改变诗歌的意境，并借助众多陈设物象集合成空间整体视觉形象模拟再现出诗句的场景。古诗词主题的提炼具体分为三个步骤：

1.畅想诗句视觉形象

先要善于选取诗句中能指的符号文字表象，感悟诗歌的意境，然后将其转化为可视、可触、可嗅、可闻、可听、可悟的视觉陈设物件，为寻找视觉物质之外的诗意奠定基础。"停车坐爱枫林晚，霜叶红于二月花"是杜牧《山行》中的名句，描写和赞美了深秋山林景色。在诗人描述的环境中，"坐"被释为"因为"，"红于"强调秋花更能经得起风霜的考验。视觉形象上可提取代表秋季的"枫叶"元素来制作抱枕，并在背景窗帘上绣有许多大小、方向不一，且层层飘落的枫叶（图4-81）。

●图4-81 《山行》诗句的视觉表现

2.斟酌诗句主题内涵

在杜牧所作的诗句"银烛秋光冷画屏，轻罗小扇扑流萤"中，诗人根据"烛""屏""罗""扇"等物象，采用三组文辞对比："冷"与"扑"的动静对比、"画"与"流"的繁简对比、"光"与"萤"的强弱反差对比共同营造出视觉场景形象。在陈设空间艺术形象的对应表现中，椅背用女性化的传统绳结形式编织在白色金属架上，桌椅面上均绘制有指代"画屏"的传统花卉，再配上冷色绸质布艺，与闪出的点点荧光一起构成诗句中的视觉意向。整体空间精心品味，既有中国古代的魅力，也充满了东方女性的细腻与柔情（图4-82）。

3.品味诗句主题境界

诗人的情绪一般不会很直白地表达出来，其积极或消极的态度都含蓄地隐藏在言词描述的形象之外。如1933年夏天红军取得战争胜利后，毛泽东写了一首诗"赤橙黄绿青蓝紫，谁持彩练当空舞？"其以彩虹临空而舞的意向，展示了一幅积极向上的夏日图景。

为此，陈设空间可用红艳的老布作场景铺垫，并用五角星抱枕局部点缀。五边形钢管凳焊接成型后，用麻绳绑扎节点，中间穿插成五角星，形成座面。麻绳中间再编织五彩细绳呼应诗句内容。倒梯形灯底部设置低温聚光灯，上面放置插有布艺花朵的玻璃瓶，在水的折射下光彩夺目。可以说，这样别出心裁的布置，使具有革命气息的场景中洋溢着浓浓的欢快感（图4-83）。

●图4-82 杜牧诗句的视觉表现

●图4-83 革命诗句的视觉表现

（二）古诗词意象下的室内空间意境营造

不同诗词的意象组合可营造出磅礴壮丽、闲适自然抑或是婉约纤柔的空间意境。王国维在《人间词话》中说："境非独谓景物也，喜怒哀乐，亦人心中之一境界。故能写真景物、真感情者，谓之有境界。否则谓之无境界。"下面通过象征法、造景法及互动法对空间意境营造进行阐述。

1.借助象征法展示文人雅趣空间形象美

选取古诗词中的典型意象，以当代物象为媒介做象征处理，可渗入室内陈设等艺术形象中进行表现。由于象征具有强烈的暗示作用，象征手法可具体表现为三种形式：

（1）惯用型象征。这是指一些具有特定内涵或惯例的象征。设计师可以从诗歌中提取"春兰""秋菊""居竹"和"腊梅"等意象，并用这些意象来展现自身的精神。

（2）创造型象征。这一象征放弃了惯用型象征符号，完全由作者独立创造全新符号并设定象征符号的意义，读者通常采用类比联想的方式进行解读。针对诗句中作者的心情，读者只能依靠自身的经验、知识进行联想，才能对应到相关的陈设空间与产品。如梧桐在先秦时期象征着高洁美好的品格。在《孔雀东南飞》的诗句"两家求合葬，合葬华山傍。东西植松柏，左右种梧桐。枝枝相覆盖，叶叶相交通"中，诗人创新性地用梧桐来象征忠贞不渝的爱情。而南唐李煜则在《相见欢》的"寂寞梧桐深院锁清秋"中，颠覆以往梧桐的象征意义，将其作为寂寞的代名词。

（3）重构型象征。如果惯用型象征和创造型象征是保守主义和创新主义的两个极端，那么重构符号就是两者的结合。重构符号对惯用型象征的象征符号及相互之间的结构进行重构，从而形成新的象征结构体，表达新的象征意义，与传统意义产生密不可分的效果。比如在中国传统环境中，新鲜莲蓬的陈设是为了让人们体味它的廉洁、清香，而传至日本后象征意义及形态特征被重构，在茶室中摆设的干枯莲蓬有了独特的禅意。

2.借助造景法营造自然景观空间形象美

室内空间中的造景法是指通过各类物象的精心构思与组合来创造景观空间形象的设计手法。围绕古诗词意境，设计者可以造实景，将水、山、石、植物等景观要素直接放在室内空间中形成小桥流水、瀑布等真实景象，让人在空间中身临其境地体验大自然的美（图4-84）；设计者也可以造虚景，通过材料、形式的替换，借助现代媒体技术，转换成室内空间陈设物象，再通过各类技术和方法展现虚拟的自然景观。

3.借助互动法体验古人趣味空间形象美

室内空间包括娱乐空间、办公空间、生活空间、餐饮空间等不同的空间类型。其中，娱乐空间需要一种积极刺激、释放情感的空间氛围；餐饮空间需要有诱导食欲的饮食氛围；办公空间需要安静便捷、提高效率的工作氛围……因此，设计师可以根据诗词建构美的空间品质。例如，"夜泊秦淮椅"的设计就是通过焊接工艺来弯曲钢管，塑造一艘

●图4-84　室内自然之景

在秦淮河上荡漾的小船，水面倒影托着船身，抱枕为酒坛，坐在椅中仿佛诗人倚靠船头把酒言欢，运用场景的想象增加了"坐"的互动情趣（图4-85）。

总而言之，古诗词主题意境的营造需要分析文字语言与形态语言之间的内在逻辑，找到共同的特点。可以概括如下：通过对诗歌的分析，找到可感知、可理解的视觉形象；通过对诗意意境的解读，挖掘隐藏的价值取向和情感张力；通过解读相应的室内空间形式，重构空间中不同用具的风格；最后，通过对"形"的完美整合具体展现，解决精神"意"向体验上的最佳选择。

●图4-85　夜泊秦淮椅

二、成语意象的室内空间主题表达

成语是中华文化的瑰宝，其典故在诗、词、经文、典、赋等历史文献中都有所体现。这些精致的词语不仅蕴含着丰富多彩的人生哲理和智慧，还蕴含着许多趣味和幽默，给人以美好的启迪和享受。

（一）成语的陈设主题提炼

设计师可借助各类陈设物件之间的内在联系以及外在形式结构的相互交错来述说成语背后的故事。成语主题的提炼具体可分为以下三个步骤：

1.设想成语视觉形象

成语不同于诗歌，它非常简短，通常只有四个字。设计者先要善于从自身角度把对成语的认知所感受到的相关物象内容作为空间艺术形象创新的基础元素。其后再将这些基础元素转化为可感知体悟的视觉陈设物件，从而挖掘超出视觉物质之外的意境感受。如从成语"繁花似锦"中感受到的印象有：百花齐放、色彩纷繁、鸟语花香、生机勃勃、美似锦花……从上述印象的随感记录中可提取的元素有：嫩叶、粉花、阳光、小鸟和蜜蜂等。其转换成陈设视觉形象时，可采用"燕子""蜜蜂"元素来制作抱枕；背景窗帘上绣上许多大小、方向不一的嫩叶；再利用一些碎布、铁丝，缝剪出几枝有花朵与叶子的"枝条"安插在于玻璃瓶中，营造出春天一般的整体氛围。

2.推敲成语主题内涵

从成语所涵盖的主题中反复推敲陈设品的选用，用相宜材料的造型、色彩、组合方式等来展现字词内涵。如成语"书香门第"，蕴含"书室、书斋、宅第、门楼"等物象，呈现出君子风范、诗礼之家的视觉形象。整张桌子由透明玻璃和亚克力材质制成，象征着绅士内心的宽容和纯洁。桌子支撑部分模仿了古人相互作揖的动作形式。挂屏设计形象用绳编

●图 4-86　"书香门第"主题陈设

●图 4-87　"杯弓蛇影"茶几

●图 4-88　"黄粱一梦"主题陈设

织出屋檐和园林中的花窗，突出清雅风尚的世家名门特点（图 4-86）。

3.体味成语主题意趣

成语大多从历史故事、神话寓言或经典名言概括而来，并且常用比喻、讽喻、夸张等修辞手法，不能单凭字面意思来理解。如"中流砥柱""牛鬼蛇神""画蛇添足"，其褒贬的态度都是隐晦的。如"杯弓蛇影"比喻疑神疑鬼，自相惊扰。大小不同的六边形通过模仿"蛇与弓"的形式，以蜿蜒姿态构成桌面，再结合铁板与亚克力材料就制成了现代感的家具。（图 4-87）。

（二）成语的陈设意趣营造

1.情景切入法

成语的构成内容来源于历史史料、故事、寓言、传说等。针对这一类型的成语可以从事件情境切入，在经验回忆中挑选物象节点，归纳物象特征，整合出具体图像，再转化为情境式空间陈设形象。如"黄粱一梦"主题陈设设计可以以入梦与出梦作为切入点，在屏风中编织云气缭绕的梦境，用铁艺祥云桌表达现实，将梦境与现实对比呈现，把成语"南柯黄粱梦终醒，人生恰似一浮萍"的意味表达出来（图 4-88）。

2.修辞转化法

古人文句或言论是成语的又一来源，这类成语大多使用了借喻、夸张、拟人等修辞手法。如出自《三国演义》的"大雨滂沱"以及出自《庄子·齐物论》的"沉鱼落雁"。针对"大雨滂沱"概念，日本艺术家安藤广重曾表现过类似雨景，后来日本设计师隈研吾，在设计广重纪念馆时，使用了安藤"雨"的元素，以粗细不一的杉木条排序组合，把"雨"的抽象状态"大点大点地落下"，展现为具象的"滂沱之势"。而成语"宛转峨眉"主题设计中，用贯穿整个桌面的钢筋曲线来表现美女曼妙的曲线和高冷的气质（图4-89）。

3.印象色彩构成法

此法注重整体意象的把控，可以采用印象色彩碎片拼贴的方式把对某一成语的深层意象记忆表现出来，其即使不讲究具体内容的形态表达，也可以很好地利用色彩来传达这种特定的意象内容。设计者在对成语构思时，需要从整体色彩搭配的节奏、每个色彩的调性对比、面积对比所形成的画面色彩旋律中，取得相应成语在陈设色彩上的和谐印象。

●图4-89 "宛转峨眉"主题陈设

如"火树银花"主题陈设，为表现一种繁华的场面和意境，在屏风的设计上，用绳子错落有致地编织底部图形，结合不同颜色的饰品来表达热闹场景的氛围。主体桌子使用一黑一白两种终极颜色的对比处理，视觉感受鲜明。整体陈设靠色彩营造出了热闹非凡的不夜天景象（图4-90）。

又如"枯木逢春"主题陈设，围绕"新生与希望"的含义，用绿色作为点缀调，以枯木色系的茶几和陶瓷品作为背景色，做到"万褐丛中一点绿"，其以色彩对比的调性来把握空间节奏，既不离主题又具有新意（图4-91）。

●图4-90 "火树银花"主题陈设

简而言之，成语主题意趣的营造可归纳为：通过挖掘文字内容，强化对成语的感受，挑选出视觉形象；通过分析成语的内涵，挖掘其潜藏的价值与情感；通过情景切入法、修辞转化法、印象色彩构成法解译对应的室内空间形态，选择适合的样式；最后通过具象陈设"形"的完美整合，传递成语中的意趣。

●图4-91 "枯木逢春"主题陈设

三、音乐意象的室内空间主题呈现

在漫长的人类文明进程中，音乐一方面可以记录文明进程，陶冶个人情操，牵动人们的心情与品格；另一方面，对人类生理以及饮食起居各方面产生极大的影响。音乐作为一类听觉艺术，给人带来独特的体验美。

（一）音乐的陈设主题提炼

人们常说，"音乐是人类通用语言，是无国界的"，音乐主要通过节奏与旋律来传递信息。人们通过欣赏音乐产生情感共鸣，基于生活经验在脑海中浮现出意象内容。因此音乐主题的空间艺术形象需要经由设计师在聆听音乐的过程中根据自身的生活经验，以"通感"结合作曲背景，寻找室内众多艺术形象物件来表达相应的意象内容。音乐主题的提炼具体可分为以下三个步骤：

1.从音乐形象中确定视觉形象特征

在音乐响起时，听众先直接产生听觉映象，形成所谓的"听觉形象"，或铿锵有力或悠扬辽阔。若激起头脑中视觉表象的联想，便形成了所谓"视觉形象"，这其实是审美主体想象中的视觉形象。例如，扬琴曲中的《将军令》以强烈的鼓点节奏模拟战争伊始的"战鼓三通"，使听众的头脑中出现似于"战鼓声"的音乐形象，从而引发对于战争场面的想象。由此转换成的陈设视觉形象可以有：用"战鼓、头盔"等元素制作出的抱枕，绣了各种刀戈兵器的屏风，把战车打散构成的桌子等。又如"十面埋伏"陈设作品，借助曲调起伏、节奏零落的音乐形象特征，提取了紧张而破碎的视觉感受，以箭镞的几何形式运用到设计之中，铁艺与旧木的结合刚柔并济，营造出剑拔弩张的紧张气氛（图4-92）。

2.从音乐旋律中推敲主题内涵

旋律被称为音乐的灵魂和基础，它体现了音乐的主要思想内容。优美流畅、跌宕起伏、平缓温婉、欢快跳跃等不同特点的旋律表达了不同的音乐内涵和情感。初学者可通过绘制乐谱图来感受旋律特点，然后将乐谱图转化为几何元素运用到空间艺术形象设计中。如"Tango Bello"主题陈设作品中，亚克力茶几体现了旋律流畅跳跃的律动特点（图4-93），黑白屏风表现旋律起伏，链条吊灯表现晶莹律动。

●图4-92　"十面埋伏"主题陈设

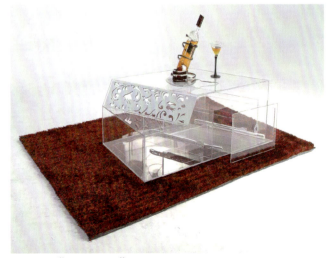

●图4-93　"Tango Bello"主题陈设

3.多种方式体味音乐主题意境

音乐之美，首在意境；意境之美，重在体验与再现。每首音乐作品都有不同的意境表现，可将人带入生活图景与思想情感融为一体。如以"小芭蕾舞演员"为音乐主题的陈设设计，可从芭蕾以及天鹅中找灵感，打造出轻盈舞动、洁白无瑕的家具形象。

（二）音乐的陈设意境营造

1.音乐"标题"引导法

标题为人们提供了客观的范围和明确的形象，引导着作品的情感表达，为意境的产生创造了必要的条件和因素。音乐也通过标题内容限制了音乐意境的构成、对音乐的理解以及表演的方式，从而制约了表演者或观众的主观感受，并进一步左右了相应的情感倾向。室内陈设艺术作品形象的内涵、情感表达及意境的表现离不开音乐标题的引导。

设计中先要从音乐标题中找与音乐相关联的视觉形象，然后再将这些视觉形象转化为标志性的陈设物件融入空间中，作为画龙点睛之笔。如"梅花三弄"陈设作品，基于全曲调表现梅花洁白，傲雪凌霜的主题意境：其中沙发以冰裂纹做靠背，以梅花的优美弧形为座；屏风以冰裂纹打底，以梅花的红色点缀；抱枕采用梅花的形状制作，红白相间，好似在寒雪中盛开（图4-94）。

2.音乐形象物化法

音乐虽然不同于言语文字，但能用乐符形象来直观地构筑音乐意境，并能借口头语言来描述这种音乐意境。创作者在聆听中随着旋律的发展渐入佳境后，需及时开启想象，用自己的话来描述它，并用文字将情感记录下来，再根据文字和文字构建出来的物象为基础，对陈设物件进行形态、色彩、材质以及照明的调整，丰富空间陈设的层次感，营造出相应的主题意境。如"春江花月夜"主题陈设作品，表达出乐曲所奏出的春夜之静谧深远、皎月之光洁流转、江舟之悠游静处、江花之摇曳弄影（图4-95）。

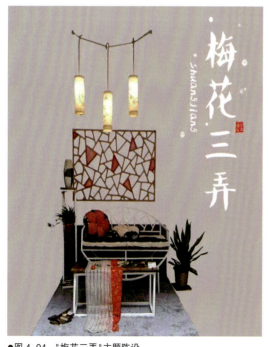

●图4-94 "梅花三弄"主题陈设

●图4-95 "春江花月夜"主题陈设

3. 多元媒体展示法

现代化多媒体在展示音乐陈设主题意境中，具有快捷、方便、超越时空的特点，不仅能绘声绘色地展示，还可以通过调动观者的嗅觉及触觉，使观者忘记当下，仿佛超越时空进入了音乐故事中。在空间艺术形象设计时，除传统陈设物件如装饰构件、家具、灯具、织物、装饰品、字画、植物等外，可结合现代多媒体技术来营造音乐主题陈设意境，如利用电脑编程控制空气中的香味与水汽，营造一种大雨过后的氛围体验，以"4D"电影的制作方法，强调"时间"来营造音乐主题意境等。

简而言之，音乐主题意境的营造可归纳为：通过聆听音乐，分析音乐形象特征，强化对音乐的感受认知，从而挑选出可感可悟的视觉形象；通过解析音乐主题旋律，挖掘出音乐情感张力；通过标题引导法、形象物化法、媒体展示法解译对应的室内空间形态，精选适合的样式；最后通过整合具象陈设"形"，完美传递音乐的主题意境。

四、民族地域的室内空间主题创新

中国各民族世代起居的特定区域有着独特的生态、民俗、传统、习惯等文明表现。它在一定的地域范围内与生态环境及人文环境相融合，体现了民族地域文化之美。

（一）民族地域文化的陈设主题提炼

目前，技术和生产方式的全球化带来了人类与传统地域空间的分离，地域文化的原生态遭到破坏，其特征日益衰退。而另一方面，标准化的商品生产致使居住空间环境趋同，居室文化的多样性得不到展示。为此，设计师将民族地域文化之美作为室内空间艺术形象的陈设主题，并将其融入现代人的生活，能更好地发挥其应有的生活价值。

1. 精选民族地域文化典型视觉形象

民族地域文化视觉形象中有大量的传统符号。不同地域民族文化通过符号这一载体，传播自身特有的传统意味与文化内涵。设计时，可从某一民族地域文化的众多视觉形象中精选典型的图案，进行方向性提炼，从而得到视觉独特、颇具民族特色的陈设产品形象。"千思雀"主题作品以西兰卡普中典型的"阳雀花"图案作为设计元素。整个灯具采用了模块化组装的形式，可重复拆卸。当两只鸳鸯同时插入灯具时，灯具达到了最大的亮度，也象征着爱情的美好，增加了使用的趣味。因设计结合充满现代感的亚克力材料，整个灯具散发出梦幻气质。而配套的抱枕大胆使用对比色，融合了现代设计技巧，同时保持了西兰卡普的传统文化特色（图4-96）。又如"傩面具"主题作品中两盏灯

●图 4-96　"千丝雀"主题作品

具是根据湘西傩面具造型转化而来，分别提取了典型男性与女性的面部特征。其采用木头镂空方式，中间留下的空隙用树脂填充，可露出微弱的光线，形成虚实结合，突出了祭祀中威严肃穆的形象。湘西的古朴与神秘在系列面具抱枕的设计烘托下得到进一步强化（图4-97）。

2.挖掘民族地域文化主题内涵

反映民族地域文化的艺术作品总是植根于特定的环境，受特殊地域的地理气候环境的影响，并符合当时当地的文化特点。例如，广西科技馆使用具有独特内涵的传统元素符号，将广西桂林象鼻山、阳朔月亮山和北海珍珠贝蚌元素融为一体，同时应用广西铜鼓与广西民族服饰的图案标新立异地设计出地域特色的民族性建筑，凸显了当地文化的精髓（图4-98）。室内空间艺术形象创新的思路也是如此，"鱼锁"灯具作品选取苗族文化独具特色的鱼图腾形象，通过鱼的表象来寻找内在寓意，因为在苗族人的认知中，鱼象征着旺盛的生命，而长寿锁是降魔辟邪的吉祥物。该设计以长命锁的造型为基本形状，以鱼的形状为灯图案的基本装饰，中间钥匙的解锁方式即为开灯。其经过拆分重组，形式更加现代，外形生动有趣（图4-99）。

3.探究民族地域文化主题意境

为体味民族地域文化的主题和意境，创作者首先要学会体验各民族不同的生存和生活技能，感受民族聚落独特的生活氛围。例如，贵州地区梯田之间的山村能给人们带来一种来到"世外桃源"的错觉与梦境。"方梯田"主题作品的灯具设计灵感来自乡寨梯田的曲线美，为了展现山水画般的蜿

●图4-97 "傩面具"主题作品

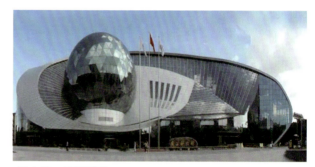

●图4-98 广西科技馆

●图4-99 "鱼锁"灯具作品

●图4-100 "方梯田"主题作品

●图 4-101　"竹生"主题作品

蜒流畅，灯具四面用数个半透明的方块晶体错落有
序地安置在不同的曲线上，当灯光亮起时，似乎一
幅"水绕陂田竹绕篱"的诗意画卷映入眼帘（图
4-100）。

（二）民族地域文化的陈设意境营造

1.开拓地域自然环境特色

　　在科学技术突飞猛进的今天，虽然高新材料
也不断涌现，但在民族地域文化主题的陈设空间意
境营造中，材料的运用，应该更加尊重其地域性和
传统历史文化渊源。当地的地理地貌、环境资源、
生态群落等，都可以作为空间艺术形象设计创新来
源点。同样以竹材为元素，构思方向与侧重点不同，
视觉形象也会有很大差异。如以"宝庆竹刻"的
"竹"文化为主题的"竹生"，以"竹"寓意祝福之
意。抱枕以竹笋为元素，竹笋新生，向上萌发，寓
意节节高升。灯饰取竹叶向上的"灯"型，以铁艺
绘制竹叶刚硬的外形，营造出现代与传统相融的独
特审美趣味（图 4-101）。而"生生不息"主题作
品的灵感也是来自于传统竹艺，灯具由不同直径的
竹环和竹管组成，竹环在上升中从不同角度形成不
同的光影变化，灵活而巧妙。同时，它也隐含着竹
子的韧性和生长活力（图 4-102）。

●图 4-102　"生生不息"主题作品

2.凸显民族人文环境特色

人文环境是隐藏在社会本体中的无形环境，是一种潜移默化的民族灵魂。其内容包括地域特殊习惯和民族风俗，独特的生产、贸易、文化、艺术、体育和节日活动等丰富多彩的民俗风情，以及文物古迹、革命活动纪念地、战场遗址、文物、纪念碑等。室内空间艺术形象设计围绕上述细项展开时会有多姿多彩的要素选择。如在"凤舞"灯具主题作品中，灯的元素取自苗族服饰中的凤凰和巫文化（图4-103）。底座灯带照亮了刻有凤凰的亚克力曲型板，生动地展示了凤凰的飞行形态，图案的动和外部框架的静使灯具更加充满活力和神秘。

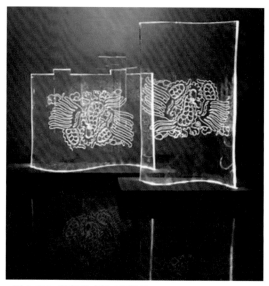

●图4-103 "凤舞"灯具主题作品

"五十六个民族，五十六朵花"，中华文明历史源远流长，孕育了中国大地上风格不同的民族地域文化。民族地域主题意趣的营造可归纳为：通过挖掘传统民族符号，提炼经典民族视觉形象，结合自然环境与人文环境中的特色要素融入空间及陈设产品的形象设计中，就能创造出引人入胜的民族地域文化的意境体验。

第五章　析物探境得艺慧：室内空间艺术形象的智造

第一节　室内空间中的陈设用品

一、家具

（一）家具的概念

家具是人类维持正常生活、从事生产实践和开展社会活动必不可少的器具设施，一直伴随着人类的生存发展，在室内"智造"中占据着重要地位。可以说，凡是有人生活的环境，就会有家具的留存。同时家具的时空演化也见证了人类的文明发展，并在人类生活的各方面中展现其特殊的多重用途。世界各国都有着悠久的家具历史，因其地域、民族、时期、风俗习惯、气候等差异，各自产生出千变万化的家具形式。其中有古朴的传统家具，有富丽堂皇的宫廷家具，有简洁大方的现代家具，有构思奇巧的新潮家具……（图5-1～图5-4）

●图 5-1　清　双屉闷户橱

家具是人类生产实践中进行各项活动时不可或缺的器物，原因在于其能满足人类空间艺术体验中的物质功能与精神追求。细致来说，家具围绕人类衣、食、住、行、劳、学、乐等活动，能满足人们坐卧、工作、储存与陈列、交往等行为需求。其具有舒适宜人、便捷方便、平稳安全、经用牢固、节省空间、易于维护等机能。

●图 5-2　镶铜鎏金嵌花边桌

在室内空间环境里，很难想象没有家具的情况下人如何生存。家具让人类脱离了动物的习性与状态，并成为其"文明化"的必要手段和条件。因家具的设计与应用，人区别于动物，拥有体面、尊严、智慧的"智造"空间，也使生活拥有了多样可能。

●图 5-3　螺纹咖啡桌

（二）家具的陈设形式

作为室内空间中的主要陈设艺术形象用品，家具在造型、色彩、材质、体量、功能等方面都可依据其空间功用特点相互组合，从而形成空间艺术形象的独特"智"造风貌。其中家具的陈设形象主要有三种，包括：实用陈设为主的家具，观赏陈设为主的家具，实用观赏并存陈设的家具。这三种形式的家具因实用度、观赏度的差异，其所侧重的外在表现也会各具形象特色。

实用陈设为主的家具是指在不同空间中能够满足人们生活工作基本需求的家具类型，包括：起居类、坐卧类、存储类、餐饮类、工作类、隔断类等家具。当在其造型、色彩、质地、

●图 5-4　柳条编织椅

装饰等方面进行独特视觉美处理，实用家具也能起到一定的空间美化效果。

观赏陈设为主的家具大都用于装饰、欣赏、陈列等，能引人注意与喜爱，其或仿效动植物造型，或展示简明几何造型，或呈现抽象夸张造型，再配上巧妙的色彩组合，能给人留下美丽的遐想。其实用功能占比微小甚至消失。如倾斜摆放的桌子、不能坐的椅子、四面开敞的柜子等等。法国家具品牌Ibride的一款动物主题的家具——Diva鸵鸟玄关柜，整体看上去造型优雅，装饰效果惊艳，同时也为室内空间增添一抹女性色彩（图5-5）。

●图5-5 Diva鸵鸟玄关柜

实用观赏并存的家具是介于上述两类家具之间。现今人们对家具的要求不仅注重实用功能，还注重审美功能。首先要适用，能够满足特定空间实际需求。其次要适体，家具毕竟要接触到人的身体，要符合人性化需求。最后要适宜，家具要适合整体装饰风格与空间氛围。小户型客厅中用大尺寸豪华的沙发、办公室用娱乐场所的座椅、休息区用奇异夸张的床铺等，都是不合时宜的空间处理方式。家具艺术形象的创新与空间组织应是高品质生活方式的自然流露。

（三）家具的分类

1. 以功用区分，家具分为坐卧、储藏、凭倚、装饰四类。

（1）坐卧性家具主要提供休息功能，包括椅、凳、沙发、床等（图5-6）。

（2）储藏性家具主要用于存放物品和分隔空间，包括橱柜、货架等（图5-7）。

（3）凭倚性家具主要有几、案、桌等，如工作台、餐桌、梳妆台、书桌、茶几（图5-8）。

（4）装饰性家具主要以装饰功能为主，如屏风（图5-9）。

2. 按材质区分，家具主要有以下几类。

（1）木质家具。木质材料作为家具不仅质量轻、强度高、易加工，还有着天然纹理和自然色泽，因其独有的观赏价值和触摸质感，而成为一种理想的家具生产用料（图5-10）。

除实木家具外，还有人造板材家具，其幅面大、变形小、表面整洁、质地均匀、强度高。人造板材常用的有薄木、单板、胶合板、刨花板、纤维板。

●图5-6 五代顾闳中《韩熙载夜宴图》

●图 5-7 置物柜

●图 5-8 大理石边桌

●图 5-9 藤编屏风

（2）藤竹家具。藤材干燥后具有坚韧的特性，通过缠扎编织等工艺加工成家具的靠背、座面等（图 5-11）。竹子家具具有质地坚硬，抗拉抗压，韧性、弹性高于木材的特性。

（3）金属家具。其具有造型悦目大方、结构简单、坚固持久的优点。常用材料有钢材和合金材料（图 5-12）。

（4）塑料家具。塑料具有耐化学腐蚀、质轻、绝缘、易加工、易着色、可回收、价格便宜且运输方便等优良特性，已广泛应用于家具设计领域（图 5-13）。

（5）软体材料家具。软体材料多以泡沫塑料成型、充气成型或以其他填充物构成，具有柔软舒适性能。其主要用于与人体直接接触的沙发、椅、垫、床、榻等家具中，通过合乎人体尺度而增加舒适度（图 5-14）。

（6）玻璃家具。玻璃是透明的人工材料，可做雕刻、磨砂、涂饰、镜面等工艺加工。现代家具更多地将透明材质与木材、金属搭配使用，以增强观赏价值（图 5-15）。

●图 5-10 黄花梨木宝座式镜台

●图 5-11 藤编家具

●图 5-12 PLOOP 凳子

●图 5-13 亚克力材料躺椅

●图 5-14 透明充气沙发

●图 5-15 透明材质家具

（四）家具的陈设功用

人类赖以生存的室内空间离不开家具与建筑的共同构建。通常而言，建筑的初始功能是为了御寒暑、避风雨、防野兽，家具则是方便衣食住行等活动所需的坐、卧及存储。由于家具集承载、辅助、添能、增效等实用性能，人们通过家具来消化和享用室内空间，甚至将其作为超越功用，转化成为社会地位与身份的象征。家具和其他陈设物借助特定的"形"与"意"共同形成某种空间"场"域，营造出特定室内空间氛围，引发对应人群身心的共鸣。家具在室内空间艺术形象创建中的具体作用如下：

1.组织空间

室内中许多空间的界定是非常模糊的，尤其是较大的空间区域，如酒店的大堂、专卖店的销售区、开敞的办公室等。在过大空间中，可利用家具不同围合摆设所形成的虚空间来划分出许多不同功能的活动区域，例如，沙发、茶几、组合视听柜可构成会客交流、娱乐、休闲的空间（图5-16）；餐桌、餐椅、酒柜可组成餐饮空间；一体化、标准化的现代厨房可整合成一个备餐和烹饪空间；电脑工作台、书桌、柜架等能围合成书房和家庭工作室空间；商务会议桌椅构成办公会议空间；床、床头柜和衣柜自然成为卧室空间的必备。如若家具配置不佳，则易导致室内空间组织混乱，影响合理的空间功用。

●图5-16　组织空间

2.分割空间

由于现代建筑的内部空间越来越开阔，无论是商业活动空间还是居家生活空间，常作隔断使用的墙体正日益被隔断家具所替换。家具取代墙的功用不仅增加了使用面积以提高室内空间的利用率，更丰富了室内空间的造型形式。如整面墙的大衣柜、书架、透明隔断、屏风等（图5-17）。

●图5-17　分割空间

3.填补空间

面对空旷的居住空间，一个客厅就因沙发、茶几、电视柜等家具的围合而成形。地面铺设地毯，放上玩具，一个简易的儿童游乐区就被隐约划分呈现。此外，在房间角落中放置花几、条案等小型家具，上面再安置盆栽、雕塑、古玩等，不但填补节省空间更能美化室内环境（图5-18）。

●图5-18　填补空间

4.渲染氛围

家具既要保证人们的使用需求，还要满足人们的审美要求；既要让人们感到舒适、方便，又要觉得赏心悦目。家具以其特有的体量、造型、色彩与材质，在差异化布置中，通过反映文化传统，陶冶审美情趣，能有效影响室内空间气氛。例如，在室内空间里布置具有民族传统特色的家具能产生浓郁的地域气息，使人产生强烈的民族热情。而冷酷的金属家具布置于摇滚酒吧空间内会带来时尚的视觉刺激感（图5-19）。

●图5-19　渲染氛围

5.视觉焦点

成为视觉焦点的家具陈设，往往是那些极具装饰性、艺术性、地方性的单品家具，以及当代革新的、独特的家具。它们以历史的沉淀、造型的优美、色彩的斑斓等容易成为室内环境中的视觉中心。它们可放在空间流线的关键点上，如住宅的玄关入口处、办公室的接待处、专卖店的中心位置等。如颜色鲜艳的家具在白色空间环境下显得尤为突出，在人的可视范围内能瞬间成为关注的焦点（图5-20）。

随着社会的发展、科技的进步和生活方式的改变，家具的艺术形象也总是在不断变化发展中。这时家具不仅表现为一种生活用具、工业产品和市场商品，更表现为一种文化艺术作品，进一步展现为一种文化形态和文明符号，已成为室内空间艺术形象创新设计的重要组成部分。

●图5-20　视觉焦点

二、灯具

灯具在整个室内空间艺术形象中扮演着为空间"点睛"的角色，除了提供和调节室内光照，还可作为空间中的装饰品，甚至成为视觉中心。

（一）灯具的概念与分类

灯具是照明器具的总称，由光源、灯罩、灯座、开关等附件组合而成。其可控制光源和灯光投射方式，并保护光源提高照明效率，为室内空间提供人们正常生活、工作、休闲时必要的照明基础。另外，灯具的造型、照明形式可营造空间特定氛围，并与空间中的其他陈设物遥相呼应，共同满足人们的审美需求。

灯具按不同标准有着不同的分类方式。就室内空间应用而言，通常可分为以下种类。

1.吊灯

其通常是悬挂在天花板上的灯具。吊灯的照明有直接、间接、向下照明、散光等多种方式。其样式繁多，地域风格丰富。材质也十分多元，如水晶吊灯、玻璃吊灯、陶瓷吊灯等。吊灯的尺寸和房间的大小、层高有关，如空间层高太低则不宜与吊灯一起使用，吊灯与地面的最低点距离不得低于 2.2 米的高度，在安装时通常离天花板 0.5 ～ 1 米（图5-21）。

●图 5-21　意大利 Volver 吊灯

2.壁灯

其是直接安装在墙上的灯具，通常用于室内辅助照明。壁灯一般光线淡雅和谐，可以起到点缀局部环境的作用。壁灯一般包括床头壁灯、走道壁灯、镜前壁灯和阳台壁灯。如床头壁灯的光线可按需调节，一般安装在床边两侧上方；走道壁灯通常安装在过道侧面的墙壁上，照亮壁画或一些家具饰品；镜前壁灯安装在洗手台上镜子的周围或其上；阳台壁灯则安装在阳台墙面上，起到照明的作用。壁灯高度一般离地 1.8 米左右。壁灯除了照明之外，还对空间氛围起到艺术渲染作用（图 5-22）。

●图 5-22　新中式户外太阳能壁灯

3.吸顶灯

这是直接安装在天花板上的灯具，成为办公室、文娱场所等室内的主体照明设备。吸顶灯主要有向下投射灯、散光灯、全面照明灯等。如若在层高较低的空间中，则更适合采用吸顶灯。在选择吸顶灯时，设计者应依据使用要求、天花构造和审美需求，考虑其造型方式、布局组合技巧、结构及材料选择。并注意灯具结构要安全可靠，尺度应与室内空间相适应（图 5-23）。

●图 5-23　吸顶灯

4.落地灯

这是放在地面的可移动灯具，又称立灯。其大多设置于客厅、休息区等处，与沙发、桌几等共同使用，强调移动的便利，可做角落气氛营造，以实现空间中的局部照明及环境渲染（图 5-24）。

●图 5-24　落地灯

5.台灯

其是放置在桌面、台面上的可移动灯具。其功能是将灯光集中在一个小区域内，方便工作和学习。有时也起到装饰和营造氛围的作用（图5-25）。

6.射灯

射灯是装在顶棚或墙面上的聚光类灯具。其能够营造特殊氛围，突出空间中的重点，丰富环境层次，创造多彩的空间艺术效果。陈设空间中常用于强调某个比较有新意或具有装饰效果的区域（图5-26）。

此外，还有筒灯、嵌入灯、轨道灯⋯⋯

●图5-25 经典绿色台灯

●图5-26 射灯

（二）灯具的陈设功用

灯光通过灯具使建筑有了丰富的表情，让空间有了迷人的神采。室内空间中的灯具在满足基本功用的前提下，与空间中的其他陈设相辅相成一起构成独特的空间艺术。灯具主要在造型、色彩、光影三个方面来发挥自身在空间中的功用。

1.独特的造型功用

当灯具的造型与室内风格相协调时，才能充分发挥自身的优势。灯具造型一方面要具有满足功能的实用性，另一方面，也要具有艺术美感的装饰性。如法国品牌"Kong"灯具造型为手举射灯的大猩猩，让人觉得俏皮又有趣（图5-27）。室内陈设空间的具体功用要求不同将影响灯具造型的选取。

灯具既不可喧宾夺主，也不能扰乱室内空间的秩序。其应根据室内环境的不同空间风格和家具造型特点，对风格进行补充和加强。

●图5-27 "Kong"造型灯

2.丰富的色彩功用

灯具在色彩的选择上应与空间形成和谐关系，只有了解不同场所、不同人群、不同文化背景等对色彩的要求，才能完善灯具色彩的选用。

当空间整体色彩较少时，根据空间艺术形象设计的需求，灯具色彩可与空间界面色调互补，从而打破单调活跃气氛；其也可与空间界面色调相近，以虚化空间，打造宁静舒适的感觉。当空间色彩缤纷繁杂时，可选择与空间中面积大的色块或使用频率高的颜色相类似的色彩灯具，取得相互协调。当空间整体色调略灰暗时，可选择高纯度色彩的小体量灯具，产生强烈视觉对比效果，以点醒空间。如若灯具色彩选用时差异度过小，则很难从空间环境中区分，反而失去了灯具的存在度。选用灯具颜色在确定其自身色彩搭配的同时，也要注意颜色与空间的面积比例关系、灯具开灯与关灯时所造成的照明变化等。

3.迷人的光照功用

光线在空间中会有发散效果，灯具产生的光影具备了营造、烘托、渲染以及点缀气氛等功效，并使光环境产生"实"和"虚"的空间变化。"实"的空间是灯具本身的照明，这是可视化和可触性的有形形式；"虚"空间则是指灯具自身借光影延伸所隐含的心理空间（图5-28）。

（三）灯具的选用原则

首先，根据不同空间性质选取灯具及光色。如酒店大堂、展览馆大厅等大空间需要较高亮度的照明效果，一般设置中心光源如吸顶灯、吊灯等灯具类型。而剧场酒吧等娱乐场所，常用各类射灯，以强烈的变幻光源，激发欢乐、热烈昂奋的激情。家居卧室中，为打造宁静舒适型的休息环境，床头柜上常放置无眩光的台灯或悬挂较低的吊灯。就光的颜色而言，水果店用黄或橙色灯光，会使人产生水果成熟的味觉联想，诱发人的购买欲，而冷色灯光会使人有果品变质腐烂的错觉，引起人的排斥感而影响销售（图5-29）。

其次，依据空间形态巧选灯具。在选择和布置灯具时，室内空间的大小、高度和形状必须纳入考虑。例如，面积较小、高度较低的空间适合安装小巧的灯具，可以使用嵌入式灯或吸顶灯，能有效避免空间压抑感；如果空间较大，使用大型吊灯可以调节空间的比例，减少空间的空旷感；一个狭长的空间里如果安排几盏壁灯，会增加空间的层次感，从而打破深邃单调的形象。

最后，灯具应符合空间整体风格。灯具作为室内陈设，其装饰功能并不是孤独存在的。只有把它们与其他陈设品结合起来，形成一个和谐的整体，才能真正体现装饰的美感。如中国传统风格的室内大多布置有民族特点的灯具；现代风格的空间通常采用造型简约的灯具；即便是混搭风格也需要协调来取得"形"与"意"上的统一。

●图5-28 办公室灯光营造虚实空间

●图5-29 光影响着室内空间陈设

三、织物

（一）织物的概述

室内空间艺术形象往往表现为形式、色彩、光影和质感的有机结合，而织物正是这种有机结合的血肉体现。由于织物面积较大，其自身的柔软性所产生的特殊质感在美化空间时，也能对室内的气氛、风格和意境产生很大的影响。

"织物"是以一种经纬交叉的纱线编织技术，用天然纤维或合成纤维制成的纺织品。织物陈设在室内空间艺术形象中主要对室内空间界面进行分割，并对家具等进行装饰和保护，其在丰富空间、美化环境的同时，在一定程度上也体现了人们自身的品位（图5-30）。

●图5-30 居室织物隔断

（二）织物的类别

织物陈设的类型很多，常用的主要有窗帘、地毯、床罩、台布、靠垫、壁挂等。

1.窗帘

窗帘具有调节光线、调控温度、阻隔声音、遮挡灰尘、保护隐私等功能，并能美化空间的陈设物。窗帘分为开合帘、罗马帘、卷帘、百叶帘、遮阳帘等（表5-1）。

表5-1 窗帘类别

开合帘	罗马帘	卷帘	百叶帘	遮阳帘

2.地毯

地毯是经手工或机械工艺进行编结、栽绒或纺织而成，主要以棉、麻、毛、丝、草等天然纤维或化学合成纤维类原料为主，作地面铺敷物用。其功能主要体现为：脚感舒适、防滑止跌、减噪降声等。此外，借助丰富的图案、色彩和样式，地毯能成为设计师营造空间与诠释风格的有力陈设形象。

3.床罩

这是用来覆盖床面的织物，具有保温、防尘及装饰的作用，对室内休息区的视觉环境影响最大。床罩的样式多种多样：有朴素的布料做的或豪华的锦缎丝绸制的床罩；有简约直边的现代风格或奢华蕾丝的经典风格；有与床体紧密贴合的套型或宽松平铺的盖片型；有单层布料制的或多层布缝合的；有厚重的织物或网眼轻纱类织物。

4.台布

这是装饰和保护桌面、台面的织物。台布大多铺在餐桌、茶几、书桌之上。台布要预留出足够的悬垂部分，以覆盖桌面边部。其边缘也可加花边、穗子等以加强艺术装饰效果。

台布所用的编织工艺基本上分两大类：一是手工艺编织的织物，如花边、网扣、雕绣、抽纱之类；二是机织的织物，如提花布、亚麻布、涤棉布、涤麻布等。

5.靠垫

这是椅子、沙发及床具的附属品。它不仅可以弥补一些家具在使用功能上的不足，增加人们的舒适度，还可以起到装饰作用。靠垫由面料、衬里和填充物组成。其中面料包括混纺棉、丝绒、锦缎、棉麻等材料。其中棉麻布因其质地挺括，耐磨性强，受到更多的青睐。填充物可采用羽绒、丝绵、化纤棉、塑料海绵等。其中化纤棉，因性能优良经济适用，采用较多。

6.壁挂

这是置于墙面上的织物装饰艺术品。壁挂集装饰美、工艺美于一体，富有浓郁的民族情趣和生活气息。壁毯的图案由点、线、面构成，主要为抽象几何图案，也有风景动植物等具象图案。色彩可对比强烈，也可典雅平和。

除上述常见织物陈设外（表5-2），还有旗帜、彩绸、伞罩、篷布等织物，这些织物陈设都能对室内空间环境起到一定装饰效果。

表5-2　织物类别

地毯	床罩	台布	靠垫	壁挂

（三）织物陈设的选用原则

从织物设置的实用性出发，一方面，选用具有相同元素的织物进行室内陈设布置。另一方面，根据墙面、地板、家具等的装饰色彩与整体色调来选择合适的织物色彩。

在具体色彩搭配时需注意：墙面和家具颜色较深时，宜用淡雅的窗帘，而墙面和家具颜色较淡时，多用色彩较浓的窗帘（图5-31）。

（四）织物的陈设功用

织物渗透到室内陈设的各个方面，其具体功能是依据自身特点所确定。主要有：舒适保暖实用、保护硬质家具、强化空间性格、丰富空间层次、装饰美化空间。通常织物陈设不仅带给人美的享受，还能引发人们心理的某种启迪，从而让生活空间更加充满情趣。

●图5-31　室内织物色彩配置

四、艺术品与工艺品

（一）艺术品与工艺品的概念与类别

1.艺术品与工艺品的概念

艺术品是指富有艺术性的或有创作理念表达的造型作品。如绘画、书法、摄影和雕塑等艺术品，可以突出室内的空间品位，往往产生高雅的艺术气息。

工艺品是指用手工或机器加工而成的具有艺术价值的产品。工艺品来自生活，创造的价值却又高于生活。其审美体现在两个方面：一是由形态和形式因素所构成的视觉艺术效果；二是由工艺品材料特性及加工制作所达到的艺术水平。

2.艺术品与工艺品的类别

（1）艺术品的主要类别

a. 绘画。绘画通常分为四大类：中国画、西洋画、工艺装饰画和民间绘画。

中国画是一种具有悠久历史和优良传统的民族传统绘画。它以其鲜明的特色和风格在世界绘画体系中独树一帜。作为中国绘画的一种独特的装裱形式，卷轴画由于具有可以挂置和搬动的优点，常成为中式空间的陈设主角。（图5-32）

西洋画主要指欧洲的绘画，包括画种有油画、水彩、水粉、素描等，其中油画是西洋画的主流。早期的西洋画或作为壁画，或作为顶棚画。欧洲文艺复兴中出现的"架上油画"使油画从建筑的界面上分离出来，这让西洋画的陈设功能大大加强（图5-33）。

工艺装饰画是运用工艺材料创作制成的具有装饰意味的作品。其在室内陈设中体现为材料的自然美、工艺的制造美和作品的装饰美（图5-34）。

民间绘画是指由民间直接创作，并广泛流传于民间的绘画。民间绘画具有鲜明的地方特色、浓郁的生活气息和朴素的表现风格，反映了当地民众的生活状况和审美情趣。其绘画的形式或质朴无华或夸张变形，并应考虑与室内风格的和谐统一（图5-35）。

b. 书法。书法是以线条为主体的艺术，它注重点画的用笔、字体的结构、整体的章法、气韵、意境和情感。优秀的书法作品具有点画美、结构美、章法美、气韵美、意境美的欣赏价值和陶冶情操、修身养性的作用。书法作品历来都是

●图5-32　卷轴画

●图5-33　维纳斯的诞生

●图5-34　工艺装饰画

●图5-35　安塞民间画《戏鱼》

●图 5-36　书法作品陈设

●图 5-37　摄影作品陈设

●图 5-38　雕塑作品陈设

室内装饰和陈设的重要内容，既装饰美化了环境，又成为主人表现自身情感和审美倾向的展示（图 5-36）。

　　c. 摄影。在现代室内设计中，照片已经成为非常流行的陈设品。照片可以作为住宅、宾馆、餐饮、商业、办公、休闲娱乐等建筑室内空间中最便捷的艺术形象作品（图 5-37）。

　　d. 雕塑。雕塑是一门立体的艺术，既是造型艺术的名称，也是雕、刻、塑的总称。当用可塑材料立体地雕造出社会生活中的某一人物、景物或动物等，就可表达出创作者的情感与期望。它提供人们在三维空间中多角度进行观赏和感受的可能性（图 5-38）。

　　（2）工艺品的类别

　　作为一种兼具生产水平和艺术效果的手工艺品，其种类繁多，涉及衣食住行的方方面面。工艺品按年代可分为传统手工艺品和现代工业艺术品；按功能分为实用类和欣赏类；据材料分有丝麻刺绣、染织物、玉石器、金属制品、剪纸等。每种分类都是相对交叉呈现，现代的会随历史转变成为传统的，实用的因艺术性可转化为欣赏的，材料也会综合运用等。以下按照不同加工方式将工艺品主要分为七类。

　　a. 雕塑工艺品。指用木、石、砖、竹、象牙、兽骨、壳等材料雕刻而成，或用黏土、油泥、糯米粉等材料制成的小型或装饰性工艺品。小型雕塑工艺品可设置在居室等小的空间中（图 5-39）。

　　b. 陶瓷工艺品。陶与瓷的区别在于原料土和温度的不同。根据制陶的温度，添火加热，陶就变成了瓷。陶器的烧制温度为 800 ～ 1000℃，瓷器是用高岭土在温度为1300 ～ 1400℃下烧制。室内陈设的典型陶瓷有唐三彩、青花瓷、粉彩瓷、斗彩瓷、珐琅彩瓷、浅绛彩瓷等（图 5-40）。

●图 5-39　象牙雕塑工艺品

●图 5-40　陶瓷工艺品

●图 5-41　手工刺绣鸡翅木双面摆件

●图 5-42　珐琅缠枝莲纹烛台

●图 5-43　竹编家具

c. 刺绣工艺品。刺绣是根据设计图纸，用针和彩线绣在丝绸、布和其他织物上的一种工艺品。绣品突显民风民俗，多摆设在中式风格空间中，高雅、清洁。小件绣品可作居室的案头陈设，摆设在床头、桌前橱中等处，大件绣品可作公共建筑中的屏风。（图 5-41）

d. 金属工艺品。用金属材料或以金属为主，辅以其他材料制作的手工艺品，具有厚重、雄浑、豪华、典雅、精致的风格特点。例如，珐琅缠枝莲纹烛台（图 5-42）。

e. 编织工艺品。编织工艺是指利用植物材料，经过加工和编织创制成的美观物品。有草编、竹编、柳编、藤编、棕编、葵编等。编织品的内容丰富，品种很多，各地用材和工艺制作上都有明显的特色，陈设时可表现不同的地方特色，以增添室内环境的自然气息（图 5-43）。

●图 5-44　琉璃制品

f. 琉璃工艺品。其是指用低熔点玻璃制成的工艺品，也称为料器。玻璃历史悠久，其颜色包括玻璃（透明）、珍珠（乳白色）、凝乳（羊脂）、红色、蓝色、紫色、黄色、绿色和金星等。生产琉璃的原料因采用含 24% 铅的晶质玻璃，熔点可以降低到 800 多度，此温度下琉璃可自由流动从而制造出各种形状的工艺品（图 5-44）。

j. 染织工艺品。其是以染或织的方式制成的工艺品的合称。染即染色，染色在某种意义上包括印花；织即织造、织花。如蓝印花布具有悠久历史，它是用棉布加工印染而成，花纹清新，色彩浓郁，质朴大方。技法有蜡染与扎染，前者即是蜡画和染色的合称。后者主要是将棉麻白布（也可用毛巾），运用一定规则的线缝合捆扎，遂即放入染缸染上靛蓝而成（图 5-45）。

●图 5-45　蓝印花布

当然，中西方工艺品还有许多，如风筝、花灯、云锦、器皿、玩具等。

（二）艺术品与工艺品的陈设功用

1.艺术品的陈设功用

就视觉感知而言，艺术品不仅可以填充空间，还可调节空间，弱化建筑构件的视觉缺陷，使室内空间的构成和比例更加协调。同时艺术品还能更新空间，保持室内环境的视觉新鲜度。从精神感受方面看，室内陈设物的艺术形象最能体现使用者的个性、情趣、爱好、文化修养，甚至人生观和处世哲学。与其他陈设相比，艺术品具有更大的表意、表情和高感染力。因此，艺术品的主题、意境、个性和风格也决定着室内空间艺术形象的设计趋势。

2.工艺品的陈设功用

在工艺品陈设中，设计师应根据室内环境氛围，确定工艺品在整体空间构成中的造型、颜色、材质和位置，切不要随意堆放。只有尽量做少、做好、做精，才更具活力。其陈设功用如下（表5-3）。

表5-3　工艺品的陈设作用

灵活多变 增加审美价值	风格统一 强化整体环境	巧做经营 丰富空间层次	主次分明 注重观赏效果

（三）艺术品与工艺品的选择原则

不同的艺术品和工艺品可以使环境产生别样审美趣味。为了在空间上达到预期的效果，布置时必须注意用品的形式、大小、布局及使用场所性质。

如绘画选择上，为凸显特色个性，陈设处理方式各有差别。欧式风格卧室搭配古典油画，展现出精致的贵族气息；中国画独特的水墨意境，可以使房间古香古色、清新宜人；抽象绘画具有鲜明的个性和强烈的视觉效果，它们适合放在品位独特的空间中（图5-46）。

除此之外，画框应视为艺术品的一部分，其选择也应注意与艺术品的主题、风格相协调。如现代派风格的油画作品可选简洁外框，外框由木、金属等材料制成；水彩画、水粉画可配制精美的镜框。

在选择和布置艺术品与工艺品时，要注意的原则如下：

首先，遵循宁缺毋滥的原则。设计不能一味追求高档或任意堆砌，要有目的地选择一些与室内空间相得益彰的艺术品与工艺品。

其次，遵循比例尺度适宜的原则。艺术品与工艺品陈设应注意自身的比例，以及与其他陈设品相互之间的比例关系。如大墙面上布置大艺术品会统摄整个室内环境的情调和风格，而布置小艺术品能起到画龙点睛的作用。

再次，遵循主次均衡协调的原则。室内空间物象布局和空间界面中形象本身就有主有次，有的强调成为空间的重点，有的却要淡化，弱化视觉感知度。

最后，遵循发挥艺术赏析的原则。只有按照艺术品与工艺品陈设的观赏特点来布置用品，才能有更好的空间展示和欣赏效果。

由于人们的年龄、职业、文化背景、社会阅历、价值观念不同，其对艺术品与工艺品的审美和评判标准也不相同，如果说室内空间是座舞台，作为具有审美功能的艺术品与工艺品均能释放人性光彩，使空间意蕴更为深刻，更具内涵（图5-47）。

●图5-46　艺术品陈设

●图5-47　工艺品陈设

五、绿化与其他陈设物

（一）绿化陈设

1.绿化陈设的概述

绿化陈设是以种植花草树木的艺术方式，美化空间内外环境的总称。主要包括盆栽、盆景和花卉艺术三大类。从观赏角度来看，不同的植物装饰可以给人不同的审美感受。观叶植物安静、典雅、多姿；观花植物芳香、美丽；观果植物丰硕、令人愉悦。艺术盆景富有诗意和想象力，用植物插在瓶中，或清新典雅，或气势磅礴，或庄重凝重，或优雅美观。

2.绿化陈设的类别

（1）盆栽

盆栽植物可为受限制的现代居室环境增添些许自然气息，清除室内空气中的污秽，有益人的健康。单从视觉角度来看，盆栽植物颜色、纹理、生长形态，与人造方直物件形成反差，令人赏心悦目。盆栽植物的生长、发展、变化过程也能带给人情感上的满足。

a. 盆栽植物的观赏类型。

根据盆栽植物的特点和观赏角度的不同，其可分为四种类型（表5-4）。

表 5-4　盆栽植物的观赏类型

观叶盆栽	观花盆栽	观果盆栽	藤蔓植物

　　b. 盆栽植物在空间中的作用。

　　净化空气，调节气候。植物可除去空气中的一些粉尘及气态污染物，限制它们的散布。其还能调节气温，增加空气湿度，改善室内小气候。

　　组织空间，丰富层次。植物可对室内空间进行分割与限定、过渡与延续、填充和引用、柔化和强调。

　　美化环境，创造氛围。美化包括两方面：一是植物、山石本身的美感，包括形态、色彩、质地、纹理等因素；二是植物、山石与室内环境的有机组合配置所产生的环境效果。另外利用植物色彩、姿态随季节而变化的特点，可营造室内空间艺术形象不同的情趣和气氛。

　　c. 盆栽植物布置方法。

　　室内常见的布置方式有 7 种（表 5-5）。

表 5-5　盆栽植物的布置方法

点　式	植物以点的形式布置，数量大多为单盆，也可为数盆集中为点状。这对植物姿态、尺度、色彩要求较高，一般都将植物置于轴线交点处或视觉中心。
对称式	两盆或两盆以上的植物呈对称式布置。给人以稳定和庄重感，大多应用在规整的公共空间的中轴线两侧和空间的转换处。
线　式	这是将数盆植物或盆景置于室内空间，并排列成线形。线式布置可分为直线式和曲线式两种。线式布置可组织和限定空间。
面　式	这是指植物成片布置在水平面或垂直面上。其布置形式应注意植物面积与空间大小的比例协调。
隔断式	空间的分隔既可用藤本植物与隔断、家具等组成垂直的绿色屏障，也可用成排的高植物来组成隔断。
壁挂式	这是指将植物或盆景挂置在墙上、柱上的布置形式，能产生较强的韵律感。
吊挂式	这是将植物的容器或附着物悬吊于顶棚下，使植物向下垂挂生长。

　　（2）盆景

　　盆景是一种以植物、山石和水为基本材料，表达盆内微观自然景观的艺术作品。

　　它通过模仿大自然的千姿百态、风姿神采，再经过艺术加工，成为我国传统的优秀艺术珍品，也是室内装饰的佳品。盆景主要有川派、徽派、岭南派、苏派和扬派五大流派。各大流派的盆景风格各异，反映了不同地域的审美倾向（表 5-6）。

表 5-6 盆景流派

川派	徽派	岭南派	苏派	扬派
川派盆景，苍古雄奇。其以主干为身，采用平枝势、滚枝势、半平半滚式三种盘扎的方式，结合砂积石、罗汉松、银杏等物种，成就了独特表现流派。	徽派盆景，倔傲刚劲，多采用棕丝法。其树桩大而奇，形态蟠曲古朴，造型精巧奇美，如游龙式梅桩盆景，其桩头大如龙头，干如龙身，枝如龙爪。	岭南派盆景，飘逸豪放。采用"蓄枝截干"的方法，经多年自然修剪后，枝干的比例匀称，曲折有力，古拙入画，有跃枝、飘枝、摊枝之分。	苏派盆景，清秀古雅。采用"粗扎细剪，结顶自然"的方法，树桩取材"古雅拙朴，老而弥健"，作品"潇洒隽秀，凝若诗画"。	扬派盆景，整体平整平稳，层次分明，剪扎技艺精巧。其以"一寸三弯""云片式"为特色，融诗、书、画、技于一体，展现意境深邃，富于装饰性。

根据盆景材料和制作方法的不同，中国传统盆景可分为树桩盆景、山水盆景。然而随着时代的进步和盆景艺术的发展，又出现了竹草盆景、挂壁式盆景和立屏式盆景等。根据盆景的大小，可分为大、中、小、微四种类型。在盆景的选择时需注意以下几点（表 5-7）。

表 5-7 盆景选择技巧

选择符合室内环境气氛的盆景	如对于庄严肃穆的大会场，通常选择气势磅礴的松石盆景，而优雅宁静的书房则可布置端庄秀丽的树桩盆景。
选择合适位置与高度放置盆景	大多数盆景应摆放在人站立时的视平线高度处，但放在桌、博古架、柜顶的盆景，并不是在这个高度上，如悬崖式盆景就应该放在高于视平线的橱、柜等物件之上，体量不大的平展式、斜干式、卧干式盆景可摆放在视线低的茶几上，博古架上微型盆景的高度更是不求统一。
选择适宜空间背景突出盆景	作为点缀环境的陈设形象，需要强化它的视觉感知度。因为盆景大多为深色，所以盆景的背景应是淡色调，而且不应有任何复杂的物象或图案，以此突出盆景的视觉感受。有时为了烘托盆景的气氛，在背景上可挂置与盆景立意一致的书法。

（3）花艺

花卉艺术是以花卉为主要材料，通过艺术理念的剪裁、塑造和摆插，表达自然美和生命美的艺术。创作者可根据特定空间需求，将各类花型的特征与色调，结合玻璃、陶、木、藤、竹、石等不同材质，在夸张的重组中取得艺术美的装饰效果。这给人们带来了美的享受，传播了特定的传统文化，提升了人们的艺术品位（图 5-48）。

●图 5-48 花卉艺术与材质的碰撞

花艺的布置原则主要有以下几点：

首先要考虑全盘空间布局。花艺应根据空间不同特性,选择相应主题的花卉与组织方式。

其次要精心选择花艺风格。中式花艺崇尚自然,注重线条美,意境深邃,造型优雅;西式花艺经常使用色彩丰富的效果来达到独特的艺术氛围。此外,创作时需进行主题创意,使花艺与陶瓷、布艺、地毯、壁画、家具等表达主旨相一致。

最后要根据陈设需求巧选材质。花艺材质主要分鲜花、干花与人造花。鲜花艳丽,可净化空气,但容易枯萎,装饰成本偏高;干花能够长期保存,但没有生命力,色泽也不够鲜艳;人造花模仿鲜花可塑性较好,能够长时间使用与管理,但不具备生命力。

3.绿化陈设的选用原则

室内绿化陈设是将自然园林的意境引入室内空间中,再现室内自然景观的最佳方式。设计者应遵循以下原则：

首先,把握好绿化陈设的生态特性。即熟悉各绿化陈设的栽培特点,用以调节室温,净化空气。

其次,处理好绿化陈设的观赏特性。比较植物的形状、色彩、质地,取得美化环境,陶冶情操的功效。

再次,协调好绿化陈设的空间关系。既要布局合理,又要利用植物柔化室内空间,并起到提示、引导作用。

最后,强化好绿化陈设的层次美感。这应做到主次分明、比例尺度适宜。

（二）其他陈设用品

1.室内信息

这是指在建筑室内中经过艺术处理的引导或提示标志,具有导向作用。它是现代公共建筑室内中不可或缺的陈设形象。因为公共建筑尤其是大型公共建筑,室内布局功能复杂,易造成人流的混乱和交通的相互干扰,降低了办事效率。设计布置的信息陈设,既可提示引导、又可规范管理,更能装饰空间。

从艺术表现上看,室内信息陈设可分为三类：文字类（图 5-49）、图像类、图形类。

从艺术形态上看,室内信息陈设可分为：平面式与立体式。前者最常用,制作简易、

●图 5-49 文字类信息陈设

设置方便，而且节省室内空间。常见形式有张贴式、悬挂式、屏风式等；后者是立体形态，可做成几何体、雕塑、构架等形式。

相比一般陈设物，室内信息陈设的特征如下：

（1）简明性。容易引人注意，较快地获得信息。

（2）通用性。信息陈设通用性越强就越易为大众所接受、所理解。

（3）个性化。个性化的信息陈设能突出标识，强化感知度。

（4）系统化。公共建筑内的信息陈设时应有序组织，形成一个统一的系统。

围绕上述特征，不同的场合应选用不同的信息陈设类型，一般应设置在人流比较集中处、短暂休息处，如出入口、走道交叉处等。布置时还应考虑标识与情景间的色彩比例关系，并与灯光效果相结合，以便更加醒目，如高大空间宜悬挂信息，低矮空间适合张贴方法。

2.电器

因电器的普及应用，家居、办公、商业等各个空间都离不开它。例如在一个现代家居空间中，电视、音响、空调、冰箱、洗衣机、微波炉、热水器、抽油烟机、消毒柜等都是常用的电器，有各种造型、色彩、规格的产品可供人们选择。合理布置这些电器，是空间艺术形象设计中的一个重点。

电器的布置首先要基于其功能的使用，并关注其视距、音效及制冷、制热效果，再考虑其色彩、造型、尺度与室内环境是否相适应。如空调有柜式、壁挂式和中央空调。若选壁挂式空调，其内机离房间地面的高度宜在1.8左右，以便操作保养。冰箱应尽量远离炉灶，以免影响其制冷效果，并注意其散热。洗衣机要考虑排水问题，因此多放置在卫生间或阳台内（图5-50）。

●图5-50　室内空间电器陈设

3.书籍杂志

陈列在书架上的书籍，既有实用价值，又可使空间增添书香气，显示主人的高雅情趣。书架的设立要符合人体工学的原理，应有不同高度的框格以适应各种尺寸的书籍来摆放，并能按书的尺寸随意调整（图5-51）。

●图5-51　书籍书柜呈现

4.各类器材

这包括各类乐器，如钢琴、萨克斯、琵琶、二胡、琴、箫、笛子等；各类兵器，如刀、枪、剑、戟等；各类运动器材，如篮球、足球、羽毛球、哑铃等。布置时可根据主人的兴趣爱好来选择，这类器材陈设多挂置在墙上，能营造具有个性的空间环境。布置运动器材的室内装饰风格比较活泼、现代，而布置乐器的室内装饰风格显得古朴、典雅等。

5.观赏动物

鸟、鱼、昆虫等观赏动物，以及其配置的鸟笼、鱼缸、容器都是颇受部分人喜爱的陈设品，从古时起，就有人在室内挂置鸟笼、鸟架，布置鱼缸，陈列昆虫、瓦罐、陶瓷、竹编等来增添生活情趣。鸟的羽毛色彩斑斓，鱼的颜色缤纷绚丽，它们既是人类的伴侣，又是富有灵性和美感的绝佳陈设物。

6.具有特殊意义的物品

这主要是指个人嗜好品与纪念品。如海边捡的石块，友人送的钥匙等，这类陈设品除了具有视觉上的观赏价值之外，对人精神、心理方面的影响更为突出，其精神价值远高于其欣赏价值，具有个性特点和生活气息，是主人的兴趣所在或精神寄托处。

7.瓜果蔬菜

瓜果蔬菜是大自然赠与生活的天然陈设品，其鲜艳的色彩、丰富的造型、天然的质感以及清新的芬芳，能给室内带来大自然的气息。瓜果蔬菜能用作陈设品形象的种类繁多，色彩鲜艳的瓜果蔬菜可使室内产生强烈的对比效果，而一些同类色的蔬菜瓜果能起到统一室内色调的作用。

可以说，上述这些陈设虽然作为室内陈设中较小的一类，却能为室内陈设添光加彩，同样成为室内陈设中不可磨灭的一环。

第二节　室内空间艺术形象的空间设计特性

一、流光逐影的室内空间艺术形象

光明与黑暗的交织中，影子成为呈现光姿的最佳表达手段，古人云，"天光云影共徘徊"，正因为光影随行，使得体现美好生活的空间能创造出超越物体本身的空间美感。

（一）光影的空间表达

1.光影的艺术

古籍《三五历纪》中记载了盘古开天辟地的传说：盘古用身体化作万物，其中眼睛化为日月，就有了光。西方的《圣经》旧约·创世纪篇里也描述有："上帝说，要有光，于是，世界就有了光。"可见，光对于人们的重要性。光影不仅是一种常见的自然现象，也是人类进行艺术创作的对象之一。古今中外的建筑设计师们借助光线这一自然工具为其建筑设计增色添彩。例如日本光之教堂建筑，利用自然光线的投射来营造特殊的光影效果，从而使室内空间产生了一种神圣纯净、令人震撼的空间氛围（图5-52）。又如朗香教堂，在其凹凸粗糙的白墙上，开着一扇扇带有彩色玻璃的方形窗洞，让人感受神圣光彩（图5-53）。

当光线照射在不透明或半透明对象上时，对象背光表面和遮挡地面上留下的黑、灰空间就是影。阴影受物体对象形状、材质透明度、光的明度、照射方向等因素的影响。光与影彼此依存、相辅相成。生成影的条件依赖于光和物体的共同作用，缺少了光，影就不复存在。同样，如果没有影，光所传达和创造的效果和氛围也会显得空洞甚至苍白无力。

●图5-52　安藤忠雄设计的光之教堂

●图5-53　勒·柯布西耶所创作的朗香教堂

2.光影的碰撞

神奇的光影变化能赋予空间生命，巧妙地利用自然光影来表现时光流逝，与空间碰撞交融，不断诠释着时间的瞬间诗意。

（1）门窗与光影的碰撞

由于每种建筑的形象不同，光线通过门窗等构件投射的光影效果自然不局限于一种风格，而是充满了一种美丽而神秘的气息。影子随着时间而移动，在地面、墙面或物件上留下阳光灿烂的画影（图5-54）。

（2）植物与光影的碰撞

由于植物外形是自然生命力的体现，植物在光下产生层层叠叠的投影，由此带来空间的立体化，动态化，甚至会激发人们意想不到的艺术享受（图5-55）。

（3）水景与光影的碰撞

水波荡漾或水平如镜时，光影可在水表面产生别具一格的倒影景象，而喷泉式的多维水体结合光影，在连续变化中可形成动态空间的魅力表达（图5-56）。

（4）玻璃与光影的碰撞

玻璃的反光性让光影有了丰富的表现力，再配上多彩光芒就能让空间幻化出梦幻缤纷的世界。特色玻璃结合灯光可成为空间中耀眼的存在，能有效增强商业空间多变性与购物体验感，促使人们有更多的参与和互动，以推动消费（图5-57）。

●图5-54 门窗构件与光影　　●图5-55 植物与光影　　●图5-56 水景与光影　　●图5-57 玻璃与光影

（二）光影的氛围营造

1.光影"形"的展现

（1）用光塑造空间层次

光影可以用来塑造空间的节奏感和层次感，并通过强化空间的动线来引导观众到不同的区域。成群的光点不仅可以强化不同的视觉焦点，而且使空间充满韵律。当光被用来塑造空间的起承转合时，冷、暖、亮、暗、光色、亮度的细微变化都是塑造空间层次的方式。光线的使用越纯粹、简洁，就越能创造出特色和氛围。光创造的画面不仅让人感受到光本身的美，还有影的曼妙。温和低调的东方美学多强调幽静之美，认为只有影的衬托才能更有效地凸显这种美好（图5-58）。

●图5-58 室内光影艺术

（2）用光雕刻节点细节

光影如同一位雕塑家，为观者精雕细琢所看到的一切。人眼所能看到的视觉细节是反映空间品质的关键。光可以增强装饰物的各种质感。优质灯光能真实还原被照物材质的色彩和质感，可有效区分陶瓷、木纹、琉璃、金属、塑料等材质视觉差异。光影与陈设物是一个整体空间形象。同一光线下，改变空间中部分图案、造型、材质、肌理等，可以得到不同的空间效果；同一空间，改变光线，空间效果也大不相同。因此通过对照明反复斟酌推演，就能让室内空间呈现完美的光影细节。

2.光影"意"的传递

光不仅照亮空间，也赋予它情感。光在空间中塑造各种表情，在不知不觉中影响着人们的情绪与感觉。光线高低位置、强度、色温、色调的变化都会产生不同的空间感受，影响人们的情感。空间因光的创意而灵动，无论是居住空间、商业空间，抑或文化艺术空间等中，只有激发出人身心状态、准确的商业定位、挖掘艺术美学等中的创新价值，才能有效传达光影造型之外的寓意与内涵（图 5-59）。

●图 5-59　幼儿园中光影赋予空间无限生命力

3.光影"场"的烘托

不同属性空间有着不同场所的营造内容，影会随着光的移动而拉长或变斜。不管平和或激昂、高雅或世俗、简朴或奢华……都需要用光创造舒适感受，为设计添姿增色。由于光和影是一物二形，一体两面，影也因光的阳炙而刚，阴弱而柔。适当的光可以软化空间边界，营造场域氛围。

（三）光影的智能互动

在室内空间中的人工照明，不仅为空间提供了照明、指示方向、划定区域等功能，还能依据特定的光照投射出富有节奏和韵律的阴影。这为建筑构件、界面、陈设等空间艺术形象增添艺术魅力，极大提升整个空间形象的美感。随着科技发展，光影更深刻地影响着室内空间的未来展现。通过融入式交互体验等光影应用，使人变被动式刺激为主动式沉浸，触发其五感全新体验。如裸眼 3D 超级屏展现了人工光影与科技相融合，许多未来的虚拟科技都需要结合光影设计，才能在空间运用中发挥功用，创造奇幻震撼的体验效果。

综上所述，因光影能赋予室内空间艺术形象多样的设计表达、独特的氛围体验及灵活的互动方式，设计者可从光影产生的形态特质、美感营造、环境韵律感知、时空动态表达四个方面把控，以光造影，以影造形，并不断与科技发展结合。这让光影不仅能提升空间的独特美感，增添空间丰富性，还能促进整个空间在不同时间下表达出个性追求，体现个体释放自我的艺术价值。

二、五彩缤纷的室内空间艺术形象

空间因为有了色彩，才让体验更加丰富。"日出江花红胜火，春来江水绿如蓝"，大自然丰富的色彩组合给予人们很多美的体验。不管是雄浑壮阔、大气磅礴的高原和沙漠，还是清新宜人、微雨朦胧的江南景致，大自然的色彩丰富性是色彩设计取之不竭的重要灵感源泉。此外，千百年来世界各地各民族所累积的大量经典色彩案例也为视觉空间的色彩设计提供了丰富多彩的借鉴。

（一）空间的色彩管理

"没有不好的色彩，只有不好的搭配"，空间的色彩多是产生第一印象的关键因素。面对不同用户对色彩的需求，以及空间与色彩间的适宜度，需要设计师全程规划色彩的运用方式，管理好空间中依附于实物的色彩配置关系。这可以从以下四个方面展开思考：

1.空间色彩定位

空间色彩定位主要是从商业营销角度考虑，将色彩设计作为推动销售与空间发展的重要环节，从而影响消费者的情绪，促进其购买力。对多样的商业空间、文化空间、宗教空间、居家空间等而言，色彩定位可以迎合市场流行趋向，推动空间活动顺利展开。因此，色彩定位应考虑：色彩传递的准确性、消费者需求的适宜性、色彩表达的唯一性、形象的连续性和一致性。

2.空间色彩战略

准确的空间色彩不仅能传达企业和产品的形象和特点，还能美化企业产品。通过对消费者色彩的偏好调研与分析，以更好地提高企业的经济效益。从商品销售本身考虑，空间的色彩在产品的不同阶段所应用的设计是有所不同的。配色主要突出产品的功能性特点，扩大产品认知度。如服装店的色彩要考虑男女装的差异。从企业识别角度考虑，企业形象的色彩与空间色彩往往有着密切的关联，如麦当劳的红色标识与星巴克的绿色标识使得各自空间色彩有了区别。室内构件、家具、布艺、绿植等物件的色彩是构筑产品品牌个性识别的关键所在，这为消费者创造了一个从产品视觉形象到企业品牌形象的情景式空间色彩体验过程（图5-60）。

●图5-60　西安AIRMIX生活方式概念店

3.空间色彩成本

空间色彩成本控制要考虑室内各物件制作的造价，同样的色彩下，某一物件可以有不同的材料、不同的肌理、不同的工艺、不同的环保指标等制约条件制成，其成本会产生差异。此外，节省成本还要关注各类材料色彩的耐久性及可持续性。

4.空间形象的色彩配置

（1）色彩经典配比

色彩的经典配比为 7∶2.5∶0.5。其中 7 是基础色，主要体现在天花板、墙面、地板等上，决定了室内的整体色彩印象。颜色通常为黑白、原木色系、灰色系等。2.5 是主配色，主要体现在大件家具、地毯、木装饰、纺织品等上。主配色也常被称作调和色，主配色与基础色可以采用同色调，但要注意层次感。0.5 是点缀色，主要体现在装饰品、艺术品、小摆件等上，为点睛之笔。在大格局基本类似的空间中，点缀色成为个性凸显的关键内容，挂画、绿植、靠垫、插花、落地灯等小物件，都属于这 5% 的色彩范围（图 5-61）。

（2）时尚的流行色

随着色彩越来越被消费者所重视，加之消费者所体现出来的从众心理，流行色已经成为商业竞争的必要手段，它既能适应消费，又可引导消费、促进消费。色彩自身的显现必须与设计物结合在一起，依附于商品的创新陈设，才能产生效果和发挥作用。因此，许多大企业通过对流行色彩的研究来引领市场，从而预测空间色彩的流行趋势，使产品色彩始终满足人们在色彩爱好上的变化，以符合时代潮流（图 5-62）。

●图 5-61　"与蒙德里安早餐"概念公寓内设计图

●图 5-62　色彩绚丽的火烈鸟创意空间

（二）色彩表现的修养与悟性

作为设计师，用色可以有偏好，不可有偏见。中国传统的色彩来自天地万物，也来自古老文明的想象力，以"观念"为主旨，注重色彩的意象，追求"随类赋彩""以色达意"的色彩观念。与东方色彩相比，西方的色彩一直是与科学结合的学科，西方文化中更喜欢色彩丰富的室内环境，尽管有些色调相对淡雅，但通常也会使用高饱和度的颜色。设计师可建立用色的色彩体系，配色时以包容心态看待古今中外经典色彩，不断丰富自身用色感悟。

首先，可从自然中感悟色彩。色彩搭配想取得最适宜的状态，可从大自然中寻找。大自然的色彩搭配是最和谐的存在。四季分明、地貌多样、物种资源丰富，都是大自然赋予的独特财富。

●图 5-63　从绘画中体悟的空间配色　　●图 5-64　印度Sanskruti幼儿学校

其次，可从电影、绘画、服饰中寻觅色彩。设计者可以从中外历史遗留的绘画及工艺品、流行的时尚服装、经典的影视作品中提取色彩以丰富空间表现（图5-63）。

最后，可从人性差异中挖掘色彩。设计以人为本，需尊重每个人的色彩体验差异，从色彩应用中完善生活空间，解放人的身心。研究发现，鲜艳明朗的颜色有利于人类智力的发展，生活在和谐色彩中的儿童创造力高于生活在普通环境中的儿童（图5-64）。设计师按空间使用要求配色时，应尊重和注意使用者的性格、爱好，与周边环境、气氛、意境要求相适应，从而创造性地满足人们物质和精神生活中多姿多彩的愿望。

三、风生水起的室内空间艺术形象

春节，人们辞旧迎新、贴春联祈福，有时还会在门上贴"招财进宝""开门见喜"等字条。这些活动都象征着人们对新年的期望，祈求新的一年风调雨顺。这是中国民众们的朴实信仰在千百年积淀中保持热爱生活的表现，即形成了独具特色的"风水"生活方式，延伸出更多的能使生活"风生水起"的活动或器物（图5-65）。

风水是一种研究环境规律与人类生存之间的关系，以达到"天人合一"的境界的学说。"风"是元气和场能，"水"是流动和变化。风水学认为两者就如同能量一样，能流到空间各个角落。如果结合相生相克的金木水火土五行元素，将会使人们的生活空间更有活力。风水本为相地之术，虽有封建迷信之嫌，却也不乏丰富多样的民俗生活以及人与环境互动的知识。只有通过辩证分析，去其糟粕以留取精华，才可用其为当代生活设计出更加健康有益的室内空间环境。

●图 5-65　门神画

（一）定气场，辨方位

作为服务于个人或群体的室内空间场所，或大或小，或方或圆，或规整或奇异，或平和或张扬，或庄重或轻巧……空间形态的差异决定了不同的气场张力，左右着人各种感知的判断。但无论何种空间形态，首先需要分出东南西北的方位，找出空间起承转合的流线关系，接着如下围棋一样，用陈设物在关键点上点醒空间，引导空间流动。面对空间环境时，先要考虑方位、区域、功能的设置。其次，注意家居宅气的变化，即《阳宅五气》中的生气、旺气、杀气、死气、退气。如生气是使万物生长茂盛之气，而死气是没有生机，不通达的气息。所以通过气场位置分辨，空间陈设布置要注意"乘生气、避死气"，尤其是对于室内动植物而言，多喜生旺的通风、向阳之处。最后，梳理空间不同位置中不同属性的吉位，这往往是视线好、沟通便利的区域。传统风水认为家居客厅内，通常在进门对角线顶端为最佳财气位；房屋坐向不同，代表学业功名的文昌位也会有变化；桃花位多以生肖属相来定，猪、兔、羊的人在正北方为桃花位，蛇、鸡、牛在正南方，虎、马、狗在正东方，猴、鼠、龙在正西方。

（二）选善形，强势态

风水寓意的室内陈设形态往往带有趋吉避邪、除恶扬善的积极功效。人们的美好祈盼往往集中于满足物质与精神相和谐的"福禄寿喜财"各个方面，而围绕上述内容的陈设物件主要有三大类别：其一是具象的物像，如狮子、马、羊、公鸡、蝙蝠、乌龟、梅花、牡丹、石榴、钱币、如意、银锭等。当它们组合时带来善意的祝福，如喜上眉梢（图5-66）、必定如意等。其二是虚构的物像，如龙凤、貔貅、麒麟、三足金蟾、魁星（图5-67）、灶王爷等；其三是文字符号，如万字纹"卐"（图5-68），为中国古代传统纹样之一，有吉祥、万福和万寿之意。这些具有寓意的可视化陈设形态内容组成了具有中国特色的物质化"风水"空间。

此外，由于房子户型的空间形态有优劣之分，需要设计者从功能、组织等方面创造"善"之形。室内每个房间因功能不同被赋予特有的五行属性，如客厅属金，应多注重视野与采光，并加入华丽的装饰，这样适合于接朋待客；卧室属土，空间宜保持清爽安静，让人得到充分的休息；厨房属火，需要窗户通风，避免户型中间"火烧心"；厕所属水，是潮湿的水汽秽气聚集流散之地；书房或走廊通道属木，应多注重通风良好、光照充足。

●图5-66 青花瓷

●图5-67 "魁星"牙雕

●图5-68 "万字纹"香炉

（三）布吉意，增信念

人喜吉祥，追求幸福。由于每一件陈设用品通常会带给人正能量的生活信念，空间形象的布置充满了人们对生活的希望。一束鲜花瓶中盛开，给空间带来生机；商业空间中放帆船寓意生意一帆风顺。其实，"风水"布置在空间上的吉祥追求，反映古人期望通过空间改变时间，创造美好的未来生活。这本质上体现了人类总结过去利弊，把握当下时机，执着未来美好的价值观。可以说，人类的物质空间又是由多种"意义"组成的场所。用好每个吉祥物寓意的张力性进行空间位置布局，形成各个空间意义之间的相互包容性，让人在丰富的空间层次性中体验着多重吉祥含义，从而在积极物质形态感召下升华身心需求，像蝙蝠的"福"、梅花鹿的"禄"、喜鹊的"喜"、白菜的"财"等视觉形象，使人获得精神上的正向暗示，对未来充满美好期盼（图 5-69）。

（四）转换熵，促和谐

室内空间环境反映了人们生活的状态，风水的目的也是探寻更为有利于人们生活的"设计"，避免混乱的生活。作为衡量一个系统"混乱程度"度量的术语"熵"，熵最小，这时候最有秩序；当空间受到扰动时，熵开始增加，直到最后一片混乱，熵达到最大值。陈设风水强调的形与意是追求一种有序的状态，将空间中的能量处理为最适合人们生活、工作的环境。吉祥空间有五宜：宜吉意避晦气、宜洁亮避阴暗、宜生机避克煞、宜主从避无序。这样的室内设计才能让满足物质与精神功用的空间锦上添花。

德国哲学家海德格尔认为，栖居的本质特征是一种保护。他向往天、地、神、人四重和谐的生存状态，心仪"诗意地栖居"于大地。陈设风水的布置也是让人得到一种自由的保护，通过隔断与封闭来改变空间布局，调整人与空间的最佳张力关系；通过朝向及位置来改变空间中物件使用方式，完善人与物的最佳交融关系；通过各陈设物布局来组织空间的形与意，强化人诗意栖居的信念（图 5-70）。

风水学内涵丰富，它让我们靠近积极能量的同时，疏远消极的能量。风水调动场所空间"形"与"意"的资源，使我们衣食住行学劳乐等各方面不断受益，成为提供获得健康与和谐的工具，蕴含着对未来生活的美好期望和寄托。

●图 5-69　清　福禄寿三星图

●图 5-70　多层次体验的走道空间

四、绽放文化的室内空间艺术形象

世界不仅是物质的，也是由五彩斑斓的文化所环绕着的。文化往往聚集在生活物件之中又游离于其外，它可以通过一个国家或民族的思维模式、价值观念、生活方式、行为准则、艺术文化、科学技术等来传承和传播。

（一）文化差异下的空间

文化不仅是一个民族的灵魂与精神，更在一定程度上成了国家综合实力的标志，文化兴，则国兴。空间艺术形象作为文化的一部分，各色物件营造的空间氛围自然也会对人产生潜移默化的文化精神影响力。在室内空间中，祭台上摆放耶稣或佛祖展现了不同的宗教文化；乐室陈列二胡或提琴展示了不同的音乐文化；展馆设置盘龙柱或罗马柱体现了不同的建筑文化；餐厅搁置中餐或西餐用具指代了不同餐饮文化；企业办公室差异化标语理念可区别市场或计划的不同经济文化；政府机构悬挂的国旗与党徽能反映出不同的政治文化；冷兵器与原子核分别代表不同的科技文化……宏观角度来讲，室内空间形象物都已或多或少地融入了一定的文化信息，设计师借助不同物件组合与创新，就可为空间造就不同的文化艺术表现形式。反过来，注入特定文化的空间也会对人的价值观、行为活动、生活方式产生影响。如中国人春节红火氛围中满桌饺子的摆放，传递出"更岁交子，喜庆团圆"的寓意。西方人圣诞节则用圣诞树与火鸡的组合来纪念耶稣。因此，每个国家，民族都有着自己独特的空间文化，代表性艺术形象物件组成了富含文化的空间时时刻刻环绕在我们的周边，不断影响着人类的生活观念和精神价值取向。

（二）文化交流中的空间

文化是一种人类普遍认可的，能够传承的，可以相互之间进行交流的意识形态，它不是一成不变的，为此，在空间设计上的处理要点如下。

1.减差异，促融合

室内不同陈设用品的组合中，必然呈现出文化的强弱关系，各个差异性的文化会被主导文化所整合，形成具有包容性文化的空间风格。历史上各类空间风格也是在继承发扬与开放吸纳的动态演变中，形成种种经典空间。如中国的青花瓷被巧妙地融入欧洲传统陈设空间中（图5-71）。身处空间的文化浸染下，每个人都会根据自己的需要以及对室内情景的理解与判断来展开行为活动。当公认的共享文化成为沟通媒介时，设计师才可更有效交流，消除隔阂，促进合作。

●图 5-71　西方绘画作品中出现青花瓷被广泛应用的现象

2.引行为，导动向

借助陈设用品的设置，人们能够根据蕴含其中的文化来判断应采取的行为方向，并选择自身认为适宜并能引起积极响应的有效行动。如庄严的国旗陈设品与趣味的卡通陈设品会暗示不同的空间活动性质，引导行动者选择恰当的态度及行为方式。

3.承经验，固秩序

由于陈设物所凝结的文化是人们生活经验的积累，也是人们在器物的传递中通过空间比较和选择后，能被普遍接受的合理部分。一旦文化形成和确立，就意味着某些价值观和行为准则得到承认和遵守，即形成了某种秩序。如佛堂的朝拜秩序，银行的交易秩序，政府的投票秩序等中会有相应的佛像、指示器、投票箱等陈设物件维持空间活动的正常展开。

4.经时空，延文化

室内空间艺术形象中不仅单一的陈设品可呈现文化内涵，所有陈设物的集合能共同营造出某种文化氛围，经历千百年的器物也就能在不断的组合配置中持续创造空间各异的文化感受。这是一种延续了前代人所用之物并能够世代流传的，后代人可在认同中共享的空间文化（图5-72）。

（三）文化创新上的空间

文化需要创新才能够延续和发展。《礼记·大学》中有"苟日新，日日新，又日新"。用陈设创造空间艺术形象就是一种文化创新，这需要从消费者需求及市场动态角度来不断反思及革新以适应时代发展的需求。具体而言，空间艺术形象的文化创新体现在四个方面：

它是不断新陈代谢下的传承创新。传统的经典艺术形象空间并不是阻碍创新的固化模式，而是集思广益的创新基石与源泉。同时在空间"求异"的状态下，传统文化才能吸纳新的血液来焕发生机，结出丰硕成果。如故宫文创融入陈设生活可让消费者了解传统文化，并借助良好的经济效益推动文化得到有效传递。

它是与时俱进的科技创新。体现空间艺术形象的陈设文化反映了人们衣食住行学劳乐的物质活动细节和精神价值取向。与此同时，时代下的前沿科学技术也会即时地反映于陈设生活的各个方面。如智能家居（图5-73）、无人导购、虚拟交流等让空间交流活动模式，与过去相比发生了天翻地覆的变化。一方面，时代发展对陈设实践提出新问题、新要求；另一方面，陈设实践获得时代发展提供的各项丰富资源，这都为具有陈设文化的空间形象创新准备了更加充足的条件。

它是人精神自我解放的个性创新。空间文化来源于人类多样的个性需求，智能的便捷让陈设创新有了更大的空间表现，也满足了人们自由多元地呈现个人理想环境的愿望。同时陈设文化开启了人对美的感知，让人用审美艺术表达出更加丰富的空间文化。当然，这种个性的解放应该是积极的导向，而不应该是颓废厌世，反人类性的消极传播。

它是促进国家民族繁荣的活力创新。一个民族只有拥有丰富的物质和精神财富，才能自尊、自信、自强地屹立于世界民族之林。通过陈设文化创新，在传承优秀传统文化的同时，增强文化自信，推动其拥有旺盛生命力和高凝聚力。

●图5-72 清乾隆《弘历是一是二图》

●图5-73 智能家居

五、美不胜言的室内空间艺术形象

庄子曾言："天地有大美而不言。"陈设空间中的种种物件组合搭配在一起，也是一种无声的"美"环绕在我们的身边。

（一）审美认知中的辩证关系

当一座房屋不能遮风挡雨，不能坚固耐久，其外观再美，也让人望而却步。由于没有"真"的功用，失去了"善"的诚信，任何事物的"美"也就成为镜花水月。可以说，空间艺术形象之美首先是建立在"真"与"善"的基础上，剔除了"假"与"恶"后的空间状态。这时人们对事物美与丑的感知，往往都是相对的，多为人的主观判断。空间艺术形象审美感知受以下四个因素影响。

1.不同时代下的审美差异

因社会政治、经济、习俗、文化、技术的不同，各个时代的审美观并不一样。春秋时期"楚王好细腰，宫中多饿死"，反映那时以瘦为美的审美情趣，而唐朝时期则流行以胖为美的标准，所谓"环肥燕瘦"各有所爱。在西方，不同时期的审美标准差异极大。如巴洛克与洛可可时期曾风行繁饰的陈设用品，而现代主义时期流行几何的造型形式，导致许多建筑形式雷同、造型单一。后现代主义提倡使用装饰技术来实现丰富视觉和满足心理的需求，出现了众多流派，如波普运动、复古主义、未来主义等，也开创了丰富多彩的空间艺术审美趣味。

2.不同地域下的审美差异

审美有着很强的地域特征。中国古人认为女人樱桃小嘴好看，但在非洲摩西族部落认为女人的嘴越大就越美。为了更"漂亮"，一些女性还会在嘴里面放上唇盘，并在唇盘上绘制丰富的图案装饰来充分显示出她们的尊贵与奢华（图5-74）。与盘唇族相似的长颈族，则以颈部长为美，脖子上铜圈的多少成为美丽与财富的象征（图5-75）。正所谓"十里不同俗"，也反映在人们生活陈设器物上，使得造型、色彩、材质、功用等方面存在审美差异。不同地域、民族间的审美取向交织在一起，让空间艺术形象有了更为多样的风格选择。

3.不同个体下的审美差异

人们的生活体验与认知的不同，会带来相应的审美差异。这导致人们对事物审美会出现"阳春白雪"与"下里巴人"两种不同的共鸣方向，审美认同人数也会出现两极分化。如凡·高的特立独行作品在生前无人问津；毕加索的立体主义作品突破传统视角（图5-76）；

●图5-74 盘唇族以大嘴为美

●图5-75 长颈族以脖长为美

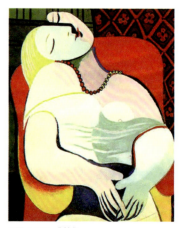
●图5-76 《梦》

蒙德里安的几何冷抽象作品晦涩难懂……这说明世人审美不是千篇一律的，个体感知评价差异极大。陈设空间就是众多不同审美标准下生活物件的集合场所。这就要求设计师运用包容性的设计修养与学识，在差异化的审美标准下筛选、配置、转换、协调并再创造对象，以满足新的审美需求。

4.不同形式语言下的审美差异

人类千百年来的审美积累，创造出生产、生活中绚丽多彩的室内众多艺术形象物件，形成风格迥异的室内空间效果。就如同中国国画与油画的审美标准不一样，室内中式风格与室内欧式风格也有着各自的形式表现语言，相互之间没有审美高低之分。此外，民俗画与宫廷画、儿童画与成人画、具象画与抽象画……表现趣味也不一样，审美标准自然也不必画出"美"与"丑"的绝对条条框框。

由此可见，人们对于"美"的评判标准会因时代、地域、民族、个体、表现形式等不同而产生差异。从艺术的角度来看，美与丑属于并置的范畴，两者都有各自独特的艺术价值，没有高贵与低俗的区别。美与丑是相对而言的，可以互为转换，评估标准将随着时间和周围环境的改变而产生变化。

（二）陈设空间审美能力的提升

社会经济发展过程中人类对待美的观念也逐步多元化，设计师们利用各种设计手法，打造不同内涵美的室内空间艺术形象，丰富人们对美好生活的多样追求。通常针对空间艺术形象"美"，设计时可以把握以下三个要点。

1.简繁之美

人类有着装饰美化的天性。中西方各个历史时期都出现过美轮美奂、精巧富丽的陈设空间形象艺术品。审美评价都围绕如何用造型、色彩、肌理、范式来丰富表现室内空间艺术形象和陈设用品。我国商周时期，青铜器尤以工艺精巧、雕刻繁满、威严与灵动共存而得名；波斯传统艺术的地毯与银器上的图案绘制多是饱满繁复，形式多样；欧洲的巴洛克、洛可可装饰也是雕刻繁琐，富丽堂皇。当"繁饰"的审美走向极端后，就会往"简洁"方向而行。墨子提倡"节用"，反对无用装饰；卢斯提出"装饰即罪恶"；包豪斯学派推崇简洁几何形式。这促使人们思考简化后物象纯粹简洁的美学特征。如斯堪的那维亚风格所倡导的简约式美学，能营造出宁静舒适的氛围（图5-77）。

可以说，历史上社会流行的审美趋向总是在"繁与简"之间来回摆动，空间艺术形象设计需要配置好建筑装饰构件、家具、灯具、布艺、饰品、花艺、设备等陈设物的式样，平衡空间的繁简关系，创造宜人的环境。

2.雅奢之美

典雅通常指文章、言辞有典据，高雅不庸俗。这一概念转换到室内空间环境，可指借助历史典型形态符号，构成具有文化内涵的空间状态。"雅"往往和"俗"相对，室内设计中有雅俗之分，是基于艺术中的雅俗之分，也彰显着人们在经济、文化中的不同。雅俗并无高低之分，而是文化的两种境界。当"俗"文化被下功夫规范讲究的时候也就变成"雅"文化了。如明代文人的品茶讲究流程与繁琐细节，有"备、温、洗、泡、敬、品、加、清"等操作要求。再如法国宫廷流行的新古典主义风格也是高雅的，有着极为繁琐的礼仪程序。当这些活动注入室内环境中时，自然有了与之相适应的陈设空间样式，体现典雅之美。

奢华多为"奢侈"与"华丽"之意。作为一种空间陈设样式，"奢华"其实是一个中性

●图5-77　风格简约的室内空间

●图5-78　奢华典雅的空间

图5-79　残缺美的空间一角

词，它是设计师用富贵的品牌形象、顶级的品质性能，完美的设计形式来展现消费者的独特个性品位和生活格调。过去中西方皇家贵族、达官富商的活动空间多呈现奢华的视觉效果，体现了富贵阶层所追求的一种生活态度。

当代陈设生活中，典雅与奢华之美可将传统元素与时尚气息相互交融，赋予空间不同地域风格的典雅气韵。围绕平衡生活的两种审美状态，既需要财富智慧的奢华之美（图5-78），也需清幽淡泊的典雅之华。

3.动静之美

寂静可以是摆脱一切烦恼忧患的纯净心境，寂静之美可以带给人放松舒适的感受。日式陈设空间风格中有一种佗寂美学的表达方式，展现出残缺之美，反映对生命和死亡、欢乐和忧郁的思考。佗寂样式往往用天然木质材料，与灰色沙发搭配出低调而温馨的氛围，简洁自然又亲切质朴地散发出宁静气息（图5-79）。

●图5-80　飞檐

灵动多表示事物活泼不呆板，充满变化的状态。灵动之美让陈设空间在造型、色彩、布局上表现出一种具有灵气的动态，宛如穿梭云间的龙形，身临其间，有一种妙不可言之美。如中国园林建筑"飞檐"，其生机勃勃之势中蕴含着灵动之美（图5-80）。

简而言之，陈设之"美"是源于人在与环境相互作用中，对生活之物的繁与简、雅与俗、奢与俭、全与缺、拙与巧所做的体味与领悟，是一种将视觉形象物质化表现后获得的美不胜言的精神升华。随着室内空间审美内涵的不断变化，审美标准已不局限于形式美的表达，更涉及社会、经济、生态、制度、习俗等影响下的"美"的取向。

六、智能畅享的室内空间艺术形象

当今科技革新瞬息万变，陈设空间给人们的生产和生活带来了史无前例的变化。不同于传统的陈设空间用"静态"呈现方式满足人在物质和精神上的享受，智能时代下的陈设物件不再是空间中沉默不语的"围观者"，而是参与到改变人类未来生存方式中的"积极者"。

（一）未来空间设计趋向

1.互动陈设智能无限

《美女与野兽》源自法国经典童话，故事讲述了王国城堡里的许多有生命力的家居物品，有茶壶、水杯、烛台、时钟、柜体等室内陈设物。它们是因为魔法诅咒由人变成的，可以移动服务、交流沟通、自我完善，满足主人生活的各项需求。这些魔幻的场景在人工智能AI时代有了实现的可能。如生活中有：自动饮水机、扫地机器人、联网闹铃、提示服饰搭配的衣柜、调节主人心情不断变化的照明用具……可以说形态各异的智能产品应用于空间，让人们的生活更加便捷、舒适。甚至如《钢铁侠》中的"智能朋友"，通过自我学习，渗入到衣食住行、居家养老、健康和安全设防等中，从而合理管理生活工作各个方面。可以说，未来融入人工智能的室内空间与人们生活的联系将更加紧密，在促进个人乃至社会发展方面发挥重要作用（图5-81）。

2.虚拟陈设变化无限

VR全称为Virtual Reality，既虚拟现实，这项技术最终将带来沉浸式的环境体验，它可以改变视觉空间场景，并能自由切换出自己想要的内容，如《头号玩家》中表现出来的虚拟技术，似乎仅仅戴着头盔或眼镜，躺在床上就可以直接进入另一个新世界。这种虚拟陈设是一种360度全景陈设空间的呈现（图5-82）。由于VR可以给人们带来身临其境的真实感受，因此该技术可以很直观地应用于家居、商业空间设计等中。随着虚拟与现实的感知度逐步拉近，越发便捷和智能的陈设虚拟平台将人们的空间体验变得更加广阔。当然VR技术还存在一些障碍：难以"输入"，还没有真正进入虚拟世界，缺乏统一标准、体验时易感疲劳等。

另外一种虚拟方式就是直接在实体空间顶、地、墙各界面创造影像，"伪造"各种空间，在欺骗视觉的基础上，满足差异化的陈设空间需求，人可以穿越时空似的瞬间从室内转换到室外，或从当下环境跳跃到古代环境，或从东方室内场景进入西方空间场所。

●图5-81　马斯克"人形机器人"

●图5-82　全景呈现虚拟的陈设空间

3.互联陈设创意无限

互联网下，智能集成的大脑拥有自我学习能力，在很多领域已超过人类的生理极限。纪录片《阿尔法狗》记录了谷歌AlphaGo在与世界顶尖围棋手的比赛中成为赢方，这是人工智能发展史上重要的里程碑，代表人工智能已经能在诸如围棋等高度复杂的项目中发挥出超过人类的作用。

室内空间艺术形象设计在互联互通的大数据下，也会由"人工智能"创造多样化的可能性方案提供选择，再由设计师与消费者共同判断利弊关系得出最佳方案。这时人类的思维借互联智能集合古今中外的创意于一体，更能高效率、高质量地服务广大民众。

4.服务陈设人性无限

社会发展的同时人类生活节奏也在加快，人们常劳碌于工作而缺少闲暇时间，但未来智能化室内空间可以提升人们生活质量，它能够帮助制定早餐，控制开关窗来通风，根据需求自行设定会客、娱乐场景，改变室内颜色、材质来协助房主养成健康起居等。这些智能"助理"让人们有了更多自由，并在满足人的物质享受后，也给人类生活带来了各式各样的精神需求。

人们之间因文化修养、社会阅历、性格、兴趣爱好不同，他们喜欢的陈设空间风格以及个性要求也是大相径庭的。其取向有的宁静淡泊，有的热情奔放，有的崇尚传统文化，有的则喜欢追求现代潮流。而未来的空间艺术形象千变万化，随着个体的主观意愿而自动改变，让人得到最大的个性解放。

（二）畅享自在的未来空间

中国古代的《长物志》记录了室内外多样的陈设物件，这些"静态"物满足了古人在物质与精神上的体验需求。未来室内陈设空间能将"静动"交织一起来改变人们的生活方式，使得每个个体都将拥有权限、功能不一的操控器，如同《哈利·波特》中的魔法棒一样，可以变换出满足自己衣食住行学劳乐的生存空间。

通过智能之"衣"的服务，穿戴实现了"衣联网"，其会根据当天的气温状况自动调节柜内的湿度，让居住空间中的衣帽间、衣橱、穿衣镜等"活"了起来。如提供衣物搭配的衣柜上有"魔镜"会自动打开，上面显示着你的实时身体状况以及昨晚的睡眠情况，并通过AR功能和体感技术自动挑选适宜且时尚的着装，来指导主人在不同环境下的穿衣打扮（图5-83）。

●图5-83 智能之"衣"的服务

通过智能之"食"的服务，智能化的厨房自动播报今天食物来源和菜单，保证了最新鲜和最健康的食物，并控制炒菜机器人开始工作，用自动化的烹饪为主人节省很多时间。

通过智能之"住"的服务，管控房屋来"适应"人的习惯，提升家居环境的安全性、便利性、舒适性，从而达到服务于人并提高生活质量的目的。如针对居住空间中的卧室，"智能朋友"会根据需求开启场景模式，娱乐时有舒适的观影模式，休息时有最佳的睡眠模式。

此外，通过智能的"行""学""劳""乐"等服务，未来人们的空间消费宗旨更愿用钱来定制出美好生活体验，用这种多元的空间体验换取自我美好幸福的时间，使个体有限生命更加精彩。

七、德寿康宁的室内空间艺术形象

人们常用"五福临门"代表人生中的幸福目标，也就是《书经·洪范》中写到的："一曰寿，二曰富，三曰康宁，四曰攸好德，五曰考终命。"而通过室内空间艺术形象设计可有效影响上述的"福"，即福寿绵长、健康安宁、仁善厚德。

（一）德寿康宁的"福"空间

1.福寿绵长的空间艺术形象

《西游记》中有不少追求长寿的故事，如孙悟空为长生不老求仙学道，而蟠桃、人参果，甚至唐僧肉等都是代表长寿的物件。西方故事中，如北欧神话中的金苹果可带给众神永恒生命；《荷马史诗》中记载神之酒是希腊众神长生不朽的源泉；基督教神话认为装过耶稣受难圣血的杯子具有神力，可以让人返老还童，从而获得长生。因此东西方的室内陈设空间在千百年来的累积中出现了许多寓意"寿"的形象与符号。如"寿"字挂画（图5-84）、寿星塑像、寿桃、青松、仙鹤、龟等。西方多悬圣母像、十字架以求得平安福运。

这些物件营造了一个个无形的"长寿"心理场域，融入生活空间中，形成长寿的氛围。人通过空间艺术形象暗示以调节自身身心状态，更显积极乐观，在潜移默化中获得延年益寿的功效。

●图5-84 花卉寿字图

2.长康安宁的空间艺术形象

好的生活环境不仅能让孩子成长有利、老人更有安全感，还使人居住起来更加舒心。通常健康是指人在生理、心理和社会关系等方面都保持着一个舒适、良好的状态。

室内陈设一方面要满足"生理感官"的长康，包括视、听、触、味、嗅等体感的舒适性。其中除了视觉的形式美感、嗅觉的宜人气息、听觉的合适音量外，还涉及环境中良好的空气质量、温度、湿度、光线等问题。适宜人居住的室内温度为18℃～24℃左右，相对湿度范围是 30% ~ 80%。光线、声音环境也需达到一个平衡协调的状态，避免噪声、光污染。还有建材、室内用品等也会释放不可见的有害物质，导致疾病产生。此外，在身体接触家具、灯具、布艺、饰品等陈设用品后，差异性体感同样影响着居住者对舒适的判断。

另一方面要提供安宁的"心理和谐"。健康是人们拥有安全、舒适、积极、正能量的一种生活状态，健康的陈设空间帮助和引导人们获得更长寿生命状态的同时，还开启了更愉悦的生活质量标准，这是人们所追求的理想生存状态。一个组织无序的空间，不仅让人在行动上十分不便，还需要付出大量时间和力气去整理，这种不合理的恶性循环环境让人身心疲惫，更易产生浮躁不安心理。

不同的空间性质都有着各自关乎长康安宁的环境需求。例如，校园环境的健康需要创造进取向上的学习氛围（图5-85）；品茶、喝咖啡空间的健康需要宁静悠远、沟通宜人的交流氛围（图5-86）；工作的办公空间需要整洁高效的工作氛围等（图5-87）。

3.仁善厚德的空间艺术形象

健康的空间有着塑造"正能量"性格的力量，孟母三迁反映了中国古人育子成才，追求选择良好环境的教育理念。由于良好的室内陈设空间能够塑造人的高尚品德，设计者可以用陈设装饰明快的"美"、陈设安全功用的"真"、陈设文化含义的"善"来共同创造交流成长的健康环境。幼儿园"德育"空间的塑造中，童趣的动物陈设，培养人与自然平等的意识（图5-88）；青少年学习的校园陈设中，教室内张贴名言警句，鼓励孩子们刻苦勤勉、为国奋斗；成人工作的办公环境陈设中，竖立雷锋、焦裕禄等为民服务的雕塑，能激励政府工作人员廉洁勤恳、奉献力量（图5-89）；养老院的修养环境陈设中，布置寿星增强自信，焕发夕阳红的活力。因此，在人一生成长过程中，从幼年到老年的健康需求各有不同，设计师需要用多样的空间艺术形象服务差异化人群的健康需求。

●图 5-85 柏林自由大学哲学系图书馆

●图 5-86 雪山主题咖啡厅

●图 5-87 荷兰办公空间

●图 5-88 儿童乐园空间

●图 5-89 雷锋纪念馆大厅

（二）空间艺术形象创造理想生活

1.打造"安全"的生活环境

健康生活首先是以安全为基础的身心机能环境。除了要求室内外空间中的材料环保、陈设功能使用便利、布置科学合理外，设计师还要注意人不同年龄阶段的"安全"需求。例如老人身体衰老时期，视力下降、行动迟缓，在生活方式上会与年轻时有所变化，因而在小到桌角、扶手，大到地面、墙壁都要注意居住安全问题。

2.构建"舒适"的环境机制

健康的室内环境要保证生理与心理的舒适性，利用室内陈设科学合理地处理好空间结构，确保适当的温度和湿度，为人们提供良好空气质量、光环境、声环境，从而带来舒适生活。此外，除了健康家居陈设环境需要符合人机工程学要求，餐厅、机场、车站等的公共空间的陈设环境同样离不了人机方面的安全性与科学性所带来的舒适性。

3.营造积极向上的环境氛围

当人孤独时，朋友送的陈设纪念品可缓解心情；当人长时间工作而烦躁时，互动性的陈设或绿植可调节烦闷状态；当人焦虑不安时，使人平静的蓝色布艺与柔性材质陈设可舒缓心境……可以说，借助良好的陈设空间环境，人们获得了一个消解亚健康心理与增添生活情趣的健康生活。而公共环境中的商业陈设蕴含有积极向上的象征含义时，能左右着整个社会的和谐发展，并带来健康、正能量的生活状态（图5-90）。

4.创造文化气息的高雅境界

陈设艺术品中的文化意蕴与宗教信仰可以给予人们精神上的健康取向，如禅意的日本空间陈设形象中，枯木山水与返璞归真的木质用具一起给人带来平和恬淡的宁静美（图5-91）。再如西方基督教的教堂中布置的十字架、雕塑或图案等陈设形象能安抚信徒的心灵，使之感受普世之爱，获得信仰的精神力量。

由此可见，室内空间艺术形象设计能赋予人类不同空间环境下的健康生活方式，设计者从安全、舒适、环境氛围、文化意蕴四个方面入手，就能把控空间环境对人们的积极作用，在提升空间艺术形象设计功用的同时，促进人们身心的健康发展，传递出各自独特的理想生活状态与人生价值观。

●图5-90　积极向上的视觉体验

●图5-91　充满哲学思考的空间意境

八、形意合场的室内空间艺术形象

由于思维惯性，人们总是从熟悉事物的外表去归纳、定义、判断陌生物象，猜测其相对应的含义。随着科技发展，人们越来越难从外形去猜测新事物的真正用途，只能结合特定场所去综合判断。因此未来创新性的设计也是基于客观物质形态与主观能动意向，有序在特定场所中顺利展开的一种综合设计。而"形意场"理论的提出，正是基于以往的视知觉及空间设计理论，以新的视角来探索设计本源，揭示出设计的和谐人生。

（一）形意场论中的设计哲思

世间万物都以造型各异、绚丽多彩的"形态"展现在我们面前。人类在自身的进化过程中，也逐渐以视觉为主要感知方式来理解万物"形"的差异，并解读出各自的"意"味。在《现代汉语词典》中，形态强调为"事物的形状或表现"，具体而言，"形态"一词可理解为客观的形状与主观感知的表现组成。《周易》提到"形而上者谓之道，形而下者谓之器"，强调"化而裁之谓之变，推而行之谓之通"的设计理念。设计的哲思在于：描述"形"是什么；解释人"意"指向为何？如何在特定环境"场"中实现？

就设计用形而言，形态是通过对"形"的物质性与"态"的意识性统一理解所获得的有机判断，并以空间形式呈现的存在物，应具有对万物"神形兼备"有机描述的包容机制。

为了区别相似的形态属性与个体，人们在长期的生活实践比较中赋予了它们不同的名称与标签。高明的设计者都有各自的用"形"语言，但宗旨一样，即：用形为善，善待万物；用形达智，智启人生；用形呈饰，饰物增色；用形适度，度情调量；用形扬和，和解众需。这五点互为制约、消长均衡，使"世界"呈现"美"的多元化（图5-92）。

●图5-92 杭州江景大宅

（二）空间形象创新在于体验的丰富性

1.艺术形象空间中丰富的时间体验

室内空间艺术形象的设计以多种时空物件并存的表现方式，来不断满足人对新体验的需求。各类具有岁月时光的老物件在空间布局及陈列中，把过去与当下的时间交织起来创造新的时间场景，能唤醒人们对过去时间的记忆。这种有意识地以空间去留住时间的方式，挖掘新奇的个体体验，正是艺术形象空间的魅力所在。"前不见古人，后不见来者"正反映了时间不可逆转的特性，设计师在组织各种满足人们物质与精神需求的物件时，也为空间配置出了差异化的时间见证物，人依靠着这些历经不同沧桑的室内物件不断追忆过去，期盼未来。

2.艺术空间中频繁的形态更迭

在人们衣食住行学劳乐的室内空间活动中，除了自然形态，对生产生活影响更为深远的是无处不在的人工形态，其中还包括人工生物形态，如克隆动物、转基因植物，以及人工智能化形态，如机器人等。人工形态借助人类这一宿主的不同活动，将自身基因存储、复制、传播、演化，在合适环境中被生产出来，如国际主义方盒建筑、可口可乐瓶型、流行服饰等如同"活体"一样繁衍壮大。成为经典设计的形态基因通过不断演变，衍生出后世诸多形态，也为未来空间体验设计奠定了丰厚的形态源泉。

形态的常态稳定了人们的生活，避免因形态标准不断变化而陷入混乱中。人为实现一定目的，在有限时空中，从身心行为、因事而发、技术材料、阶级意识、民俗宗教、形式美感等六个方面制造、解释与评价各类人造形态，并得到其相应常态的属性特点。形态常态总是会被更适应环境的形态异态所更迭，在时间与空间双轴线的交替变化中，正异态会在和谐可持续区间中发展为常态，在和谐不持续区间中逐步消亡。而负异态会在非和谐可持续区间维持存在，在非和谐不持续区间走向毁灭。

形态的异态推动了人们的生活变化。这需要设计者找到创新规律，突破思维定式，挖掘形态多种塑造的可能。创新正是形态通过常异变化形成生死的催化剂，但创新形态一旦被重复或山寨，进入思维惯性中，成为常态后也就失去了原有的活力。

3.艺术空间中持续的个性创新

作为自然界的一员，人不断观察自身与外界物象，在历史长河中为改善自身环境，创造出无数的人造物象，并将其与自然界物象一起构成了以形态为媒介的"能量"代谢循环系统。然而面对活生生的个体，没有一劳永逸的空间艺术形象设计能满足所有人。艺术形象创新的意义在于帮助人找到自我的存在，体现个体的空间瞬间，满足身心差异需求。

（三）形意场论推动空间艺术形象的和谐思考

针对人类从古至今的多种创造性设计活动，人们依据服务对象及行为模式将其划分为多个方向，并展示了对"形态"的认知广度和创造深度。如景观中配置庭院楼阁，挪移花草山石，呈现场景之形；建筑采用木石玻璃等营建材料交错组合，呈现容纳之形；产品及服装借金木土、丝麻棉等服务于人的生产生活，呈现随用之形；平面中的照片、绘画等具象体与文字、符号等抽象形，让人更为便捷化地传递信息，呈现二维之形；影视数码为形融入了时间的概念，呈现流动之形。形意场理论基于时空维度中可感的各类形态，依据"标准人"尺度作为判断参考点，思索着周边物象及关系的利弊，寻求适合环境的最佳形态创新方式（图 5-93）。

针对空间设计而言，具有张力性、包容性、多义性、层次性特征的形意场能从四个方面描述室内空间中物象间的选配关系：其一，形意场可运用"形色质式"对多样形态进行客观标准的"定量"细化，并用经济场、时代场、功用场、美观场、技艺场、情趣场、伦理场、民俗场八个场来"定性"地主观分析形态的设计优劣程度，借助 60 个评价因子来完善空间的不同需求；其二，众多空间材料按照相生相克原理归纳为金木水火土基本类别，在交错运用中满足人的心理平衡需求；其三，形意场中春夏秋冬的时间性让空

●图 5-93　丰富的几何形与简约的色调

间艺术形象判断不再是一成不变的，会因人与事的变化有着灵活的调整机制；其四，仿、调、换、饰、化、合的"形变六法"简明地理顺了空间艺术形象设计手法上的思维差异。上述形意场针对空间设计的系统化思考能最大程度地保留人群在差异化体验上的评价路径，推动设计活动顺利展开。此外，万物形态因人的理解不同，在传递时会产生多样的歧义。形意场可动态地解释特定空间下的经典艺术空间产生的原因及其造型技巧。这避免造成设计思路的混乱，也为形态判断建立起相对统一的共识，以人类的多义性交流与包容性沟通构筑起了丰富多彩的意义世界（图 5-94）。

●图 5-94　弗兰克·盖里的古根海姆博物馆

第六章 感形悟意赏艺情：室内空间艺术形象的美韵

第一节 设计师的空间艺术形象设计修养

依据环境特点、功能需求、审美要求、工艺特色等制约条件，设计师需对产品的内容、形状、尺度、色彩、肌理等因素进行设计与选择，同时在具体空间内的物品布置过程中贯穿形式美法则的运用，而后创造出具备高舒适度、高品位、高艺术境界的理想空间。原研哉说过："设计不是一种技能，而是捕捉事物本质的感觉能力和洞察能力。"这种需要多样能力综合表现的空间艺术形象设计对设计师提出了相当高的素养及能力要求，可从如下四个方向展开。

一、需具备空间艺术形象塑造的知识拓展能力

因空间艺术形象设计的知识面涉猎广泛，因此要求设计师对专业基础知识熟练掌握的同时还需要通过各种途径完善其设计表达能力。

首先，针对人类生产生活场所的空间设计基础知识包括：中西方美术史、中外建筑史、室内设计理论、人体工程学及色彩学与环境心理学等。如不同地域不同时期累积了众多经典空间艺术形象，在约定俗成的样式组合下形成了丰富多样的空间风格值得不断学习。如除按样式呈现时间分类外，还可按地域划分为中式、欧式、日式、埃及、伊斯兰、印度及墨西哥等空间样式。

同时，针对空间内产品设计的相关基础知识包括：灯具设计、家居设计、陶瓷艺术、插花、雕塑、织物、绘画、民艺及绿化等。其中有许多美轮美奂的艺术佳品，如欧洲的银器，铁艺、玻璃（图6-1）、非洲的木雕，中国的青铜器（图6-2）、瓷器等。

●图6-1 芬兰湖泊系列花瓶

●图6-2 三星堆的青铜神树

其次，设计者也可通过多种途径来完善自身设计表达能力及软件操作能力，手绘表现技法（图6-3）及计算机辅助设计（图6-4）是设计师需要具备的手头功夫。这能第一时间将设计意图用图纸或手绘的方式呈现，进而给消费者主观感受，方便开展下一步的设计工作。

为此，围绕空间艺术形象的塑造，设计师需要学习掌握的知识技能是全方位的，只有与时俱进，拓展专业知识，才能提升专业认知深度。

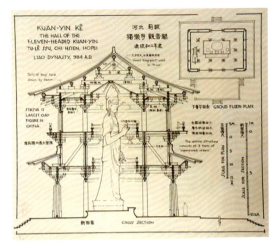

●图6-3 梁思成所作观音阁剖面图

●图6-4 扎哈·哈迪德设计的广州大剧院内景图

二、需具备空间艺术形象感悟的素养自修能力

面对丰富且不断变更的空间艺术形象，教师在有限的教学时间中，毕竟只能教给学生一些攀登知识山峰的基本能力，并"翻"过一座山做一些指引示范。将来能否有所成就，还要靠学生自身的努力。

首先，要不断加强对空间艺术形象美感的高品质追求。室内空间艺术形象设计包含多学科的专业知识，因此设计师在深耕自身专业的同时，还需涉猎美学、文学、文艺理论、美术史、设计史、色彩学以及诗词歌赋等方面的内容。俗话说："功夫在画外。"设计师唯有不断提升完善自身的综合修养，其作品才能够独树一帜，令人耳目一新。

其次，要逐步提升对空间艺术形象美的艺术化表达。作为建筑设计的外在形象向内延伸的空间有机组成部分，空间艺术形象的表达是围绕既定人群需求下对内部空间的深化与再创造。设计时，空间艺术形象艺术化表达的基本思路应当建立在充分解读建筑空间本身及使用性质上。因此，室内空间艺术形象某种程度上是设计理念深入化、细节化的表达，而并非画蛇添足，添加表面的、无依据的装饰。

设计师需要对各个空间进行合理的空间形象规划与设计，在产品的选择上有独到的艺术眼光。如以空间内灯具形象的确定方式为例，为使得空间和谐，设计师需合理组织空间内产品合宜的产品尺度、安放高度及照度等，并从色彩、质感上进行艺术美化的呼应表达（图6-5）。只有空间中上述内容逐一确认，后续的设计才能够有序进行。

自修能力是学习之路上的宝贵财富，设计从业者可借此在不断提升自己的专业知识与技能的过程中获得高效表达与精准审美的设计能力，以完善自身空间艺术专业素养。所以，当一个人拥有了普适的设计自修能力，并能把这种能力转化为设计输出时，仍需不断感悟生活艺术魅力以提升专业表现力。

再次，要具备展现空间艺术形象的诠释沟通能力。由于设计师面对的服务人群具有千差万别的特点，设计者需要挖掘出空间艺术表现潜力来适应人的多样需求，让空间艺术形象大放异彩。同时，其还需要完善自身沟通能力，进而理解甲方意向，选择生动易懂的设计表现方式及设计语言来阐释作品方案，解释施工的要求，评价设计的成效。

●图6-5 意大利灯具系列产品

设计是一个筛选、组合、打碎，再组合的循环往复过程，在此过程中，设计师用自己对于空间的理解，确立空间的形象及空间的主题，并以此作为后续设计的标准。设计师在与甲方的沟通中搜集到有效信息，了解其具体需求及对美的认知，从而针对不同地域，不同民族，不同人群的喜好及痛点展开高效设计。设计师本质上并不是艺术家，其设计的起点与重点都是客户，一切要从客户的需求出发，针对性定制服务的流程。

为了更好地沟通，需要设计师有深厚的文化修养做基础外，还要有空间艺术形象整体空间策划、展示能力，艺术品收藏、鉴赏、投资管理知识，风水知识等，在此基础上充分发挥设计创新的活力。针对客户设计者还需要考虑其兴趣爱好、性别、年龄、家庭结构、文化层次等因素，依此制定出的沟通内容就更为复杂多变了。

当然，设计团队内的沟通也同样很重要，针对不同的空间艺术形象类别，需要与不同的行业联系协调，这其中包括家具商、灯具商、布艺商、画商等，并借助设计团队的分工合作，提升效率。如大体量的空间设计中，大型的壁画定制、雕塑的组建、家具与灯具的配置、绿植的选择等都需要设计师具有良好的沟通与安排能力。

最后，要具备兼容空间艺术形象的多元跨界能力。随着人们对未来物质与精神生活的多样需求的日益高涨，为满足衣食住行用等各个空间高品质的要求，用空间艺术形象来实现人们的生活追求成为设计的关键点。这也使得空间艺术内容越来越丰富多样，成为跨越多个学科知识的综合艺术门类。

空间艺术中的各类形象在漫长的发展历程中累积了丰富多彩的风格样式与产品，并在时空的交替变换中因人的多样需求而不断推陈出新，同时也让经典样式被不断复制与再现。设计师需学会用跨界的思维方式，多角度、多视野地看待亟须解决的问题并提出针对性的设计方案，从而把握空间艺术随时代发展的丰富性、可变性及反复性。它不仅代表着追求一种时尚空间体验的精神生活态度，更点明着一种新锐的开阔眼光与跨界拓展的思维特质。

一是找相似内容进行迁移。跨界首先在于找相似，在同一领域内跨界，知识内容的迁移距离相对较短，故而跨界难度也不大。相比之下，相邻领域的跨界稍微难一点，是主干间的跨域，距离稍远，但好在根系相连。最难的是内容距离较远的学科间的跨界，这种类似嫁接的行为，在于嫁接的点和目标产物是否可行，于是更多是方法跨界而非内容跨界了。如文学诗词的意境美与空间陈设的意境美，一个是抽象文本，一个是视觉形态，二者可借物象内容作为跨界的媒介，在"大漠孤烟直"的空间陈设中就可设置的物象有"大漠""烟""直"等的视觉形象。

二是求相通方法的展开套用。对于内容相关度较低的跨界，需要寻找专业间更加概括的共性，即方法的套用。有趣的是，虽然不同的专业学科的训练对于个人思维方式有着不同的影响，却殊途同归。如数学集合中"子""交""并""补"的概念运用，可与陈设产品造型创新相联系，产生包容、交融、合并、减缺等构思手法来求新，也可与陈设空间变化结合，产生置换、并置、凸显等多种处理技巧。

若将不同领域的跨界思维喻为"锤子"，将有目标的创新研究方向比作"钉子"，当用"锤子"敲击"钉子"，就可形象诠释"跨界"在创新研发上的辩证作用。

综上所述，由于作为一名合格的空间艺术形象设计师，在个人素养上的相关构成要求是多方面的，因而其在空间设计创作时应持有多方位、多角度、多层次的艺术形象表达思维方法，并获得相应拓展能力、自修能力、沟通能力及跨界能力，在此过程中提升自身修养，而后才能更好地服务消费者，做出更精彩的作品。

第二节　室内家居空间艺术形象作品赏析

　　"家"是一个寄托着人们情感与思念的空间集合体，围绕这一集合体，人们根据自身需求汇总了多种大小不一、功能各异的空间组成内容。为改善生活环境、提升生活品质，设计师在相应设计修养的基础上，还需具备较高的空间审美与评价能力。

一、空间形态与文学词句之间的思维转换

　　人类社会发展的历程中，文字表达是目前最全面且能准确地贴近人类思维活动的记录方式，具备将思维的各种状态尽可能一一对应起来的功能，同时对于创意化的思维延展内容，文字也能够较为有效地描述。由于视觉化分析方式已成为人类进行形态理解与创造表现的主要渠道，同时人们也习惯通过二维图形或文字符号形式来阐释三维空间世界的丰富内容。这使形态语言与文字语言两系统之间可产生内在关联。因此，室内环境中三维空间的各种形态可借助二维形式的文字与图形来描述并解析自身状态与成因（图6-6）。

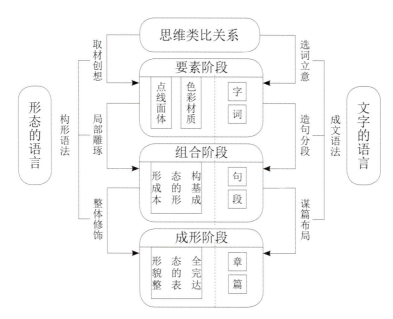

●图6-6　形态语言与文字语言间的对应关系

　　当丰富的形态被作为视觉传播与意义交流的语言时，其具备超越国界和降低语言障碍的优越性，也是一种能够直观感受并通俗易懂地进行信息交流的特殊语言形式。与文字体系的组成结构类似，形态语言体系也可看作是由形态词汇及其特殊语法所搭建的视觉交流平台，并借助约定俗成的表现规则，创造着合乎逻辑的潜在形态样式。一般来说，形态词汇可以分为名词化的形态实体词汇、动词化的形态表现词汇及修饰化的形态程度词汇。有了这种思维转化，赏析空间形态与欣赏诗歌美文就有着相似的理解方式。

二、家居空间艺术形象赏析步骤

一看空间类型。

家居空间按功用分主要有：起居室、餐厅、卧室、书房、娱乐室、卫生间、厨房及储存室等。家居室内空间划分及布局较为稳定，不像商业空间类型丰富，根据空间使用性质通常有三种对应的类型：动态空间与静态空间区分动静；开放空间和封闭空间强化开合；肯定空间与模糊空间分辨边界。别墅空间的构成形式就更为丰富，还包括结构空间、悬浮空间、交错空间、共享空间、虚拟空间等。

基于用户功用需求来判断空间的形象效果，在利弊比较中，需要把控空间的整体性，再对空间进行局部改造，如客厅是否交流方便、卧室是否安静、厨房是否卫生便捷等。在保证家居空间动线顺畅下，空间艺术形象可按照主体在空间中的移动逻辑展开相关设置。此外，用户的性别、职业、年龄等客观要素也会影响空间类型的展开，这也是赏析与评价空间形象优劣的前提基础。

二读空间意象。

从某种意义上来讲，对空间艺术形象展开鉴赏所形成的第一印象来源于人对空间叙事所描写内在意象的准确把控。设计师应通过"物"的组合来塑造空间的意象判断，使围绕主题方向所用的各种物件在造型、色彩、材质等上尽可能地服从意象需求。比如选择家居物象时，意境美营造可以先有空明幽静、清丽婉约、含蓄典雅、田园闲适、华丽浪漫等不同取向的整体意向，再在其中考虑填充物件与摆设形式。

空间中的视觉意象有时与创作者即时的心理特点、所受历史文化及风俗习惯影响的程度等相关。由于许多物件都有各自特殊寓意，尽管不同意境下的解释可能不同，但多数环境之下其含义是稳定相似的。以中国传统花卉寓意为例，有清高傲雪、坚强不屈的梅；气节劲健、积极向上的竹；脱俗隐逸的菊；坚贞凌云的松；柔情怀远的柳；富贵美好的牡丹；高洁的兰、荷等。选不同花就有着不同的空间意向设计。赏析与评价时可从各类空间陈设品的内涵寻找空间意向。

三解空间情绪。

寻找空间中能够打动观者的地方，解读自然显现的空间感情。通常家居适合表现的空间情绪有：愉悦、欢快、赞美、仰慕、惜别、依恋、豪迈、闲适、恬淡、迷恋、热爱、忧愁、寂寞、怀念伤感等。

不同色彩可表达出不同的情感体验。冷色往往传递出孤寂凄凉及低沉冷漠之感；暖色，则传递出活泼热烈、积极向上、意气风发之感。除了观察分析空间色彩意象，在空间内物象的选择中，可爱的形象有着愉悦感，威严的形象有着隆重感。空间形象的构建方式中，对称有着平和情绪，形象反差有着张扬情绪。此外，陈设及其空间动静处理方式也能互相映衬出空间情感表达内容。如运动指向性强的摆设有着奔放的感受。

四析空间技巧。

空间艺术形象呈现效果的优劣，与空间表达技巧的选择密不可分，通过空间的形式美法则，设计师可从空间表达方式、空间修辞手法两个方面进行分析。常用空间表达方式有：叙述、抒情（直接抒情、间接抒情）、借景抒情、虚实相生、欲扬先抑等。

常用空间修辞手法：夸张、拟人、对比、比喻、反复、象征、烘托、照应、重叠等。

五品空间风格。

空间艺术形象鉴赏具体到了细微之处后，创作者独有设计语言风格及语言所要呈现的表达效果成了深入解析的关键环节。由于每个客户需求不同，以及制约空间的因素存在差异，设计师依据自身的理解，以及时代的需求，也会对经典风格进行打散重组，从而产生中式、日式、欧式等不同特点的空间风格类型，甚至是混搭风格。观者在赏析中需细细比较体味，才能在创新样式中感受空间艺术形象之美。

三、家居空间艺术形象案例赏析

家居空间艺术形象赏析最基本的原则在于把握变化与统一的协调关系，考察设计者如何组织家具、灯具、陈饰艺术品、绿化、织物等要素。只有在造型、色彩、材质、风格等方面通过精心设计，取得视觉一致性，才能营造出一种和谐、舒适的空间艺术形象环境。

（一）恭王府[1]

"一座恭王府，半部清代史"，见证了清朝起伏兴衰的恭王府几易其主，其建筑风格所展现的空间艺术形象兼容并蓄，既有南北融合，又有中西大同，在赏析中，恭王府留给世人的更多是无限的遐想与感慨。

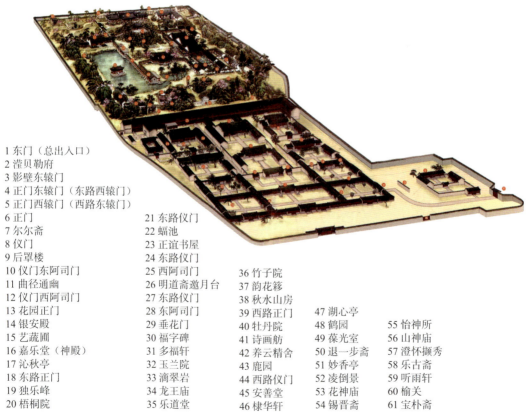

1 东门（总出入口）
2 滢贝勒府
3 影壁东辕门
4 正路东辕门（东路西辕门）
5 正路西辕门（西路东辕门）
6 正门
7 尔尔斋
8 仪门
9 后罩楼
10 仪门东阿司门
11 曲径通幽
12 仪门西阿司门
13 花园正门
14 银安殿
15 艺蔬圃
16 嘉乐堂（神殿）
17 沁秋亭
18 东路正门
19 独乐峰
20 梧桐院

21 东路仪门
22 蝠池
23 正谊书屋
24 东路仪门
25 西阿司门
26 明道斋邀月台
27 东路仪门
28 东阿司门
29 垂花门
30 福字碑
31 多福轩
32 玉兰院
33 滴翠岩
34 龙王庙
35 乐道堂

36 竹子院
37 韵花簃
38 秋水山房
39 西路正门
40 牡丹院
41 诗画舫
42 养云精舍
43 鹿园
44 西路仪门
45 安善堂
46 棣华轩

47 湖心亭
48 鹤园
49 葆光室
50 退一步斋
51 妙香亭
52 凌倒景
53 花神庙
54 锡晋斋

55 怡神所
56 山神庙
57 澄怀撷秀
58 乐古斋
59 听雨轩
60 榆关
61 宝朴斋

●图6-7　恭王府空间布局
恭王府整体布局呈现前窄后宽的形状，风水学里，前窄后宽代表"纳贵凝福"。

---

[1]恭王府，位于北京市西城区前海西街，是清代规模最大的一座王府建筑群，承载了极其丰富的历史文化信息。乾隆四十五年（1780），大学士和珅奉旨建此府，咸丰元年（1851）清廷赐封此宅邸于恭亲王爱新觉罗·奕䜣，恭王府的名称也因此得来。

　　恭王府，富丽堂皇，雕梁画栋，建筑格局均严格按照轴线对称的方式进行排布，分为东、中、西三大部分（图6-7）。在这三大部分中，作为礼仪性建筑的中路建筑集中体现出主人的身份地位，反映出其特殊的规制，正殿的屋顶均配置绿色琉璃制的筒瓦、屋脊及鸟兽，琉璃的特殊质感使得建筑在阳光树影中熠熠生辉。恭王府三绝之一的西洋门为恭亲王奕䜣所造，而并非和珅建园时所留，门额上匾联镌刻"静含太古"四字，有太古之幽静之意。恭王府三绝之二的大戏楼为纯木结构，采用三卷勾连搭式屋顶，供观戏之用（表6-1）。

表6-1　恭王府空间分析

分析方向	图片	说明
空间类型		开放空间动静结合、沿轴线展开。富丽堂皇的府邸恭王府主要建筑，分为东路建筑、中路建筑、西路建筑，各路建筑严谨地按照轴线对称方式由南向北贯穿于整个住宅与院落。
空间意向		意境美富丽堂皇、气势恢宏。作为王府中的主体建筑，银安殿，俗称银銮殿。殿宇整体高大雄浑、庄严肃穆，面阔五间，采用歇山顶及绿色琉璃瓦。
空间情绪		空间情绪表达恢宏热烈。葆光室的屋檐多绘制彩画，其技艺高超，美轮美奂。葆光室的匾额为咸丰帝为恭亲王奕䜣御题，意义深远，隆重而热烈。
空间技巧		彩绘纹样重复堆叠，构成统一的图案纹样，呈现出严谨的秩序感。富丽热烈的色彩组合丰富了建筑整体空间形象，同时各式纹样寓意美好，强化了象征性空间表现手法。
空间风格		西洋门，这座具有西洋建筑风格的汉白玉石拱门位于花园的中轴线，是花园的正门，而大戏楼则是在装饰风格上中西合璧。

（二）米拉公寓

米拉公寓由西班牙建筑师安东尼·高迪设计，其坐落在西班牙的巴塞罗那市区里的格拉西亚大道上，整体建筑共六层（图6-8）。

从建筑的怪异外观来看，其墙面凹凸起伏，屋檐与屋脊高低错落分布，富有动感，走位如蛇形曲线一般；整体造型，似是一座被海水常年浸蚀与风化后形成的巨型岩体块，上面布满了孔洞。

米拉公寓的整体设计中几乎看不到什么直角。高迪喜好自然的曲线，并对西班牙传统建筑进行了解构，其认为，建筑就是雕塑，就是交响乐，就是绘画作诗。

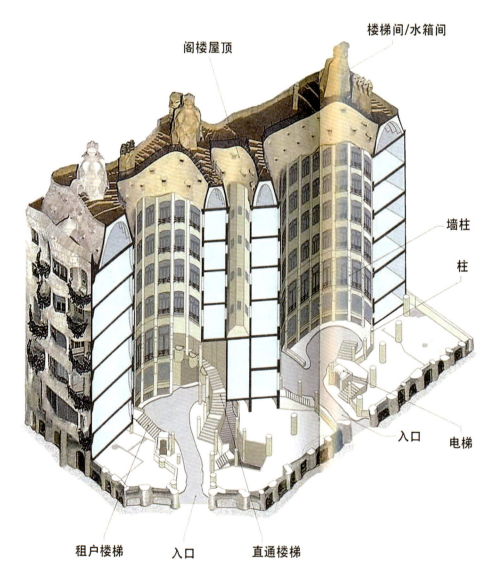

●图6-8 米拉公寓剖面分析图
设置双入口，及多部电梯，租户电梯被单独区分开来，空间中良好动线的规划帮助人们更为高效地生活。

　　高迪的作品风格既不是纯粹的哥特式，也不是罗马式或混合式，而是融合了东方风格、现代主义、自然主义等诸多元素，是一种高度"高迪化"了的空间艺术形象（表 6-2）。

表 6-2　米拉公寓空间分析

分析方向	图片	说明
空间类型		建筑功能，动静相宜，路线兼顾方便居民生活。同时，通过内天井实现竖向交通和所有内向房间共享自然采光与通风。
空间意向		意境奇异浪漫。米拉公寓内部拥有各式各样的天花板，其上，或浮雕，或铭文诗歌，并延续了建筑立面起伏的节奏。这表达出随性的自然张力，空间中弥漫着神秘的奇异氛围。
空间情绪		情绪表达自由随性、欢快热烈。各种不规则但流畅的空间动线规划，配上浓重热烈的色彩表现，这在井然有序中释放出张扬随性的设计畅想思维。
空间技巧		米拉公寓在建筑中多次重复运用多种元素，并进行形态上的夸张变化，如各种怪诞形象的烟囱交错组合，空间表现力强烈。
空间风格		其风格融合东方伊斯兰摩尔风格、现代主义、自然主义等诸多元素，创造出近乎怪诞的独特形式。

（三）流水别墅

流水别墅，位于美国宾夕法尼亚州费耶特县米尔润市郊区的熊溪河畔。弗兰克·劳埃德·赖特设计了该建筑，其在建筑的空间处理上极具巧思，室内各空间之间自由延伸，内外空间相互交融（图6-9）。

流水别墅，上下共三层，总面积约380平方米，二层（入口）起居室为整个建筑的中心，其余空间以其为中心进行铺展。从建筑外形上看，可明显感到体块之间组合堆叠的感觉，这使得建筑整体具备一定的雕塑感及力量感。楼层间高低错落，秩序井然，一层平台呈左右铺展延伸，二层平台向前方挑出，而片石墙的穿插交错，则更强调出其力量感，溪水顺势流出，建筑主体与山石林木结合在一起，仿佛极其自然地从地下生长出来。

别墅凌空于溪流及瀑布之上，浪漫唯美，进入室内，则更像是带领观者进入了梦境。空间元素的运用上，溪流崖隘，岩石肌理，强化了其与自然一体的感觉。

●图6-9　流水别墅

　　室内空间借由面积较大的水平阳台获得延伸，形成一块面积巨大的室外空间——崖隰。同时，由起居室通向下方溪流部分的楼梯，能关联建筑与大地，充当内外沟通的媒介（表6-3）。

表6-3　流水别墅空间分析

分析方向	图片	说明
空间类型		这是人与自然交融的开放空间。自然光线使内部空间仿佛充满了盎然生机，最明亮的部分由天窗部分倾斜而下，与狭窄幽闭的楼梯空间相中和。
空间意向		岩石肌理运用于室内墙面装饰，石材作为楼梯的主材，同时大面积的落地窗将室外的绿植引入室内，这强化了田园闲适的意境美。
空间情绪		室内用材的肌理呈现形象自然，所有的支柱，都是粗犷的岩石。颇有"采菊东篱下，悠然见南山"的闲适恬淡的隐逸之感，空间情绪表达闲雅、恬淡。
空间技巧		别墅整体是由多个大小不一的体块重叠对齐而成。在材料的使用上，流水别墅由混凝土制成的水平构件，贯穿空间，呈飞腾跃起之势，赋予了该建筑更强的张力与动感。
空间风格		内外空间衔接有机组合，呈现自然主义的倾向，有着简明诗意的田园自然风。

（四）马赛公寓

二战后，欧洲民众对住房的需求成倍增长。柯布西耶为遭到炸弹袭击后流离失所的马赛人民设计公寓，"垂直花园城市"般的马赛公寓（图6-10）后来成为居民们购物、娱乐、生活和聚居的天地。

在采光处理上，柯布西耶认为"建筑的历史就是为光线而斗争的历史"，为实现"房子是用来住人"的理念，其所设计的房子都考虑了充足的光线。此外，依据底层架空原则，马赛公寓首层下用4米多高的混凝土承重柱来支撑，使得一层住户也能享受到阳光。

在空间布局上，公寓底层空间做空，底层的混凝土承重墩之间形成了公共空间，既可停车，也可做游走于周围绿地之间通道。楼顶为公共空间，并有游泳池、儿童游戏场地、200米跑道、健身房、日光浴室、花架，开放电影院等公共设施，基本可以满足儿童从室外运动到文娱等需求。

●图6-10　马赛公寓

公寓内的房间同样是大有玄机。整栋楼能住 337 户，满打满算 1600 人。马赛公寓分成了 23 种各种类型的单元，从独身者到 10 口之家都能从中选择到合适的户型。柯布西耶在《走向新建筑》"成批生产的住宅"一节中提出："想到住宅就想到富人的别墅，但是更广泛的是多如牛毛、不堪入目的穷人陋室；我探索方法，希望有一天让穷苦的人们和所有诚实的人们都能在美好的住宅中生活。"（表 6-4）

表 6-4 马赛公寓空间分析

分析方向	图片	说明
空间类型		公寓底层空间与楼顶公共空间形成多功能布局的综合空间，满足人的多样空间需求。
空间意向		马赛公寓，在色彩处理上较之于同时代，颇具先锋意味，主要由红黄蓝三色组合，显得热烈、积极向上。
空间情绪		贴近自然的原色组合使用，因鲜明而无法中和，给人以醒目视觉刺激。其给人快乐、轻松、和谐之感，充满热情洋溢、轻松和谐气息。
空间技巧		长窗及色彩元素的反复多次使用，增加室内采光的同时，也成为一种符号化的象征元素。
空间风格		柯布西耶认为住宅是居住的机器，作为机器美学的奠基人，柯布西耶擅长运用混凝土、玻璃及钢铁等建筑材料表现空间。

第三节　室内公共空间艺术形象作品赏析

与空间形象个性化表达的家居空间不同，公共空间的空间艺术形象赏析更偏向集体用户群展开。赏析步骤虽然一样，但公共空间艺术形象赏析更为复杂，涉及的审美认知与评价能力更为多样化。

一、室内公共空间艺术形象赏析的内容

作为面向公众的空间设计表达，室内公共空间设计体系庞大，内容繁杂。商业空间中有餐饮空间，酒店空间、办公空间，酒吧娱乐空间，橱窗展示空间，服装、水果、首饰珠宝专卖店空间等，而文化空间则包含影响人们的思想精神活动的博物馆、文化馆、图书馆及美术馆等细分门类。此外还有一些特殊的公共空间，如学校、教堂、火车站、飞机场等（图6-11）。

虽然不同场所的空间艺术形象不尽相同，但总体原则是大致统一的。首先，在于满足空间的功能需求，而非单纯追求装饰的效果。其次，陈设空间的主题要明确且突出，这也是评价公共空间艺术形象设计创新与否的一项重要标准。最后，室内空间中的各要素应搭配协调，互相统一，共同为塑造良好的空间艺术形象效果而服务。

●图6-11　北京大兴国际机场

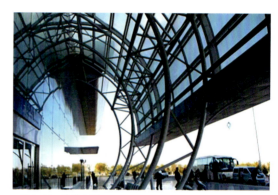

●图6-12　结构空间

二、室内公共空间艺术形象赏析的步骤

（一）明确空间类型与功用

室内公共空间类型丰富，集体活动区域功用多样。如空间开放且内部空间分割灵动、序列多变的动态空间；因休息与私密需求而内部构成单一且相对封闭的静态空间；在较大型的公共活动和公共交通的中心区域设置的共享空间；商场不同区域功能差异下会有开放和封闭空间；还有建筑结构构件外露于室内的结构空间（图6-12）、借助悬吊结构在室内中庭空间的垂直方向上呈现的悬浮空间；此外，不同功能复合下的空间经穿插构成还会形成如交错空间、模糊空间及虚拟空间等差异类型。

（二）解读空间主题与意象

公共空间艺术形象主题多样，可根据商业或文化空间功能与类别展开，主题通常有：节日庆典类，其围绕节假日及纪念性活动等展开构思；闲适类，其表达恬淡心情或对隐居生活的向往之情，如会所茶室中常用的相应陈设；民生类，其聚焦人民生活情趣与社会热点问题；科技类，其运用现代技术打造空间的视听互动效果；托物言志类，其借景抒发个人志向之情或寄美好品质之情于景；怀古博物类，其怀古思今，以缅怀今昔变化之情，如博物馆；思乡忆亲类，其表达对家乡或名人纪念，如人物纪念馆；战争或边塞类，其强化了对战争的深刻反思与对和平的无限向往，展现了保国卫家的忠勇之情。

以上八种主题类别与文学诗歌中的主题有许多相似之处，反映了陈设形态与文学诗句在艺术思维上的共通性。在对比的解读中人可以感受到"形有尽而意无穷"的空间场所美。

（三）感受空间情绪与张力

设计者通过诸多空间语言，如造型、色彩、材质、装饰等，借由形式美法则的视觉张力来呈现空间效果。观赏者根据这些线索感受，体会其中的主题情感，或真挚感人，或动人心魄，或意境高远，或耐人寻味等，从而获得愉悦欢快、热爱仰慕、豪迈雄奇、沉痛悲愤、哀伤苍凉、含蓄缠绵、孤独烦闷等不同情绪体验，以及其空间映射出的张力。

（四）分析空间处理技巧

分析空间处理技巧，可从空间表达方式和空间修辞手法两个方面去分析。

空间表达方式方面，如直接抒情方式是用空间直接表达出其在空间中的喜怒哀乐，从而引导空间的视觉走向。再如欲扬先抑能造成空间的对比，可用陈设物在空间中所造成的前后反差，带给人强烈的感知震撼，以产生差异化的空间体验。

空间修辞手法方面，如夸张，指夸大或缩小事物原来的形态、规模及程度，用以强化空间的主观性感情色彩。再如通感修辞，其能通过空间形象的处理将视听味触嗅五感勾连起来。虚实相生布置组合方式的陈设可以带给人更多空间的想象，令人展开回味无穷的空间联想。

（五）细品空间风格与语言

公共空间设计风格非常多样，设计或选择某个产品时，就是在从细节上为空间风格精心描绘。这时需要捕捉空间整体信息、把握关键信息。即明确空间表达方式如何展开，重点陈设物以何种修辞手法创新设计，被什么样的空间突出表现。具体而言，首先，要明了人、事、物、景四类空间对象及特点。其次，挖掘设计者借助空间对象所表达的情感和道理。最后，可对每个空间中对象特点及抒情言志所运用的表达技巧进行详细罗列，以对照优劣。

三、公共空间艺术形象案例赏析

一般而言，公共空间艺术形象的风格赏析鉴赏离不开三个问题，一是什么（内容）、二是怎样（方法技巧），三是为什么（主题）。空间塑造要求空间中所有物品为空间的主题服务，因此，这就要求各种艺术形象与相应公共空间和谐相处，而后获得最佳的空间效果。为此，可借助"形意场"理论中有关空间评判的相应因子细化赏析内容，以更好地发掘经典作品的艺术形象之美。

●图 6-13 科隆大教堂

（一）科隆大教堂

科隆大教堂始（图 6-13），建于 1248 年，耗时 600 余年，修缮工程仍不断。作为一座天主教堂，是德国科隆市的标志性建筑，也是欧洲北部最大的教堂。教堂宏伟而细腻，是哥特式建筑中的完美典范（表 6-5）。

表 6-5　科隆大教堂空间分析

时代场	经济场	美观场	功用场
大教堂是欧洲基督教权威的象征，有罕见的五进建筑形式，内部空间挑高加宽，高塔直向苍穹，象征当时的人对与上帝沟通的无限渴望。	巨型圣经、体量巨大的十字架以及无数精美的石雕等。为该建筑倾注举国之力，正是教会超高地位的体现。	教堂内绘有历史典故的彩色玻璃画，其上描画着各类精致的圣经人物，被称为法兰西火焰式，在阳光照耀下华美艳丽。	根据当时教会的需求，大教堂内部有 5 个礼拜堂，中央大教堂穹顶高 43 米，中厅跨度为 15.5 米，是目前尚存体量最大的中厅。
技艺场	情趣场	伦理场	民俗场
作为哥特式建筑的精髓，尖角的拱门、肋形拱顶和飞拱，被完美地运用，高超的建筑技艺帮助立柱共同支撑穹隆吊顶，打破人们对于"纤细"的立柱、能否承重的顾虑。	相较于其他教堂的烛光光源，该教堂更多仰赖于天光，使室内景象变得绚丽多彩，也为教徒提供更为多样的情趣体验。	中世纪教会高于一切，教皇凌驾于皇权之上，因此等级观念在教堂中体现得更为明确，如玻璃工匠用玻璃来描画精神象征的符号，在天光加持下，教堂更像是天堂。	室内放置有体现基督教文化的空间艺术形象。如相关基督的遗骸放入了科隆大教堂，自此之后这里就成了基督教徒们争相前往的朝圣地。

●图6-14 巴塞罗那德国馆

（二）巴塞罗那德国馆

西班牙巴塞罗那国际博览会德国馆（图6-14），建于1929年，占地面积约为1250平方米，主体空间为一个主厅、两间附属用房、两片水池和几道围墙。馆内仅有一座少女雕塑及巴塞罗那椅，展现的是一种新的建筑空间效果和处理手法（表6-6）。

表6-6 巴塞罗那德国馆空间分析

时代场	经济场	美观场	功用场
密斯将空间的连续性充分体现在这座展馆的设计中，馆内外在设计效果上，充分体现了新材料及新施工工艺所代表的时代性。	隔断采用了大理石的饰面材料和金色的缟玛瑙，而透明及绿色、白色的玻璃等合理配置，简化修饰，加工制作更为便利。	毛玻璃与大水池在视觉上分隔开，使室内光线柔和。纯白的平顶好像漂浮在空中一样，简洁却富于装饰感。	采用"自由灵活的空间组合"，开创了流动空间新概念，游客需要经过一番迂回曲折才能穿过展馆。隔断出的宽窄大小不一的空间，能有效达到引导客流的目的。
技艺场	情趣场	伦理场	民俗场
作为重要的空间艺术经典形象，巴塞罗那椅采用优质空心不锈钢填充实心铁。其外表氧化时间缓慢，承载能力强，结构稳定，制作巧妙。	该馆突破了传统砖石承重结构必然造成的封闭的、孤立的室内空间形式，而采取一种开放的、连绵不断的空间划分方式，为观者提供全新的奇趣体验。	建筑立面突破了传统的以手工雕刻为主的手法，主要靠钢铁、玻璃等新材料表现其光洁平直的纹理。这引导空间形象消费走向大众，而非少数人的专享空间体验。	沉稳、舒展的横线条尽显轻灵、平和、理性与自信，展现出雅俗共赏、色彩配置和谐的空间形象。这正是一种严谨的具有本民族理性思维特性的体现与展示。

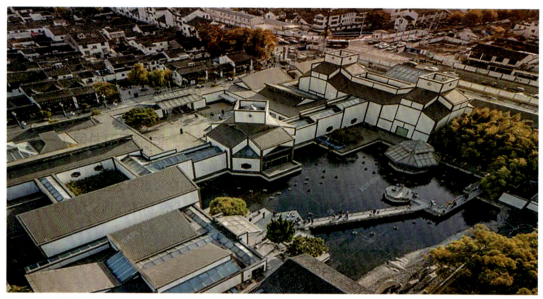

●图 6-15　苏州博物馆

（三）苏州博物馆

苏州博物馆（图 6-15），贝聿铭先生用几何堆叠搭配江南的黑白灰色调，将新馆设计成一个富有地域特色的现代建筑，不仅延续吴中文脉，还大量运用象征手法将园林文化与新建筑融为一体，重现历史风光，留存文化记忆。他在接受《纽约时报》采访时说："在中国，建筑和花园是一个整体，是互相交织在一起的；在西方，建筑是建筑，花园是花园，它们在精神上是相关的，彼此相互独立。"苏州博物馆的设计展现出他对于家乡的无限眷恋及其对于苏州地域建筑的全新理解与诠释（表 6-7）。

表 6-7　苏州博物馆空间分析

时代场	经济场	美观场	功用场
采用白灰泥墙和深灰瓦片屋顶，达到时代交错呈现的建筑表现形式，延续了老苏州的传统形象。	新技术和材料的运用使得整体建筑的结构更为稳定，并降低后期维护难度，更具经济的可持续性。	花园和庭院协调了建筑和环境的关系，刚柔并济。倒影水景与拙政园的景观相呼应，好似一幅山水画。	玻璃屋顶与石屋顶相映衬，将自然光巧妙引入室内，丰富多样的花窗带来了独特的光影。
技艺场	情趣场	伦理场	民俗场
开放式的钢结构顶棚系统巧妙地控制光线，展现了技艺的精细。	"中国黑"花岗岩片，淋了雨是黑色的，太阳一照就变成深灰。假山景以壁为纸、以石入画。二维的平面意象生动展现。	博物馆不高，符合周边环境。内部花园将自然景观引入室内，体现出中国传统的"天人合一"的生态观。	屋顶采用 1：2 坡顶，符合苏州民居屋顶的坡顶比例。苏州传统园林中的六角形、海棠形的漏窗，形式表达尽显地域特色。

●图 6-16　南京大屠杀遇难同胞纪念馆

（四）南京大屠杀遇难者同胞纪念馆

　　南京大屠杀遇难同胞纪念馆（图 6-16），1985 年建成，是侵华日军南京大屠杀江东门集体屠杀遗址和遇难者丛葬地。1995 年又进行了扩建，建筑物采用灰白色大理石垒砌而成，气势恢宏，庄严肃穆，是一处以史料、文物、建筑、雕塑、影视等综合手法，全面展示"南京大屠杀"特大惨案的专史陈列馆。其中，新馆部分是一个功能复合开放的综合体，除了胜利纪念广场、绿化公园外，还容纳了世界反法西斯战争中国战区胜利纪念馆、车站、车库、商业配套、办公等功能设施。周边交通有效地完善和补充了纪念馆的参观流线与交通组织，能够为人们提供一个方便可达、开放复合的城市空间（表 6-8）。

表 6-8　南京大屠杀遇难者同胞纪念馆空间分析

时代场	经济场	美观场	功用场
胜利之墙由负一层延伸出来，墙面材质采用暗红色锈蚀钢板，嵌入灯槽形成表面肌理，象征着中华民族"浴火重生"的历史记忆。	开放式的设计，使纪念馆及新馆闭馆后，仍然可以继续提供社会服务。灯光的设计，使广场在日夜形成不同的景色，提升了其生产附加值。	简朴纯粹的新扩建部分与原有建筑相呼应，一列列混凝土柱阵为阳光切割，形成无穷无尽的韵律感。	整体空间布局有序，纪念广场与新馆作为总体空间的"序曲"，纪念馆遗址现场与冥想厅是"高潮"，和平公园是"尾声"。
技艺场	情趣场	伦理场	民俗场
运用声音、影像及灯光等技术手段塑造空间环境，渲染出纪念馆的主题性氛围。	墙体上以文字、浮雕、扭曲的形态、封闭的空间来诉说这里发生过的悲剧故事。	诸多空间节点的设置，像一个历史的讲述者、和平的宣传者：铭记历史，缅怀先烈。	新馆中心是椭圆形的纪念广场，寓意着中国抗战胜利和"圆满"的愿景。

参考文献

1. 马斯洛，许金声. 动机与人格[M]. 北京：华夏出版社，1987.
2. 顾文钧. 顾客消费心理学[M]. 上海：同济大学出版社，2002.
3. 李立新. 设计价值论[M]. 北京：中国建筑工业出版社，2011.
4. 王受之. 世界现代设计史[M]. 北京：中国青年出版社，2002.
5. 楼庆西. 中国传统建筑装饰[M]. 北京：中国建筑工业出版社，1999.
6. 维特鲁威. 建筑十书[M]. 高履泰，译. 北京：中国建筑工业出版社，1986.
7. 梁思成. 中国建筑艺术图籍[M]. 天津：百花文艺出版社，2007.
8. 陈志华. 外国建筑史[M]. 北京：中国建筑工业出版社，1997.
9. 郭承波. 中外室内设计简史[M]. 北京：机械工业出版社，2007.
10. 李允鉌. 华夏意匠：中国古典建筑设计原理分析[M]. 天津：天津大学出版社，2014.
11. 田自秉. 中国工艺美术史[M]. 北京：知识出版社，1994.
12. 董占军. 西方现代设计艺术史[M]. 济南：山东教育出版社，2002.
13. 齐伟民. 室内设计发展史[M]. 合肥：安徽科学技术出版社，2004.
14. 范伟. 家具形态创新设计[M]. 长沙：湖南美术出版社，2015.
15. 范伟. 形由新生——设计形态研究[M]. 长沙：湖南美术出版社，2015.
16. 宗白华. 中华现代学术名著丛书：艺境[M]. 北京：商务印书馆，2011.
17. 崔咏雪. 中国家具史[M]. 台北：明文书局，1990.
18. 朱家溍. 明清室内陈设[M]. 北京：紫禁城出版社，2008.
19. [英]菲莉斯·贝内特·奥茨，西方家具演变史[M]. 中国建筑工业出版社，1999.
20. 潘吾华. 室内陈设艺术设计（第2版）[M]. 北京：中国建筑工业出版社，2006.
21. 李飒. 陈设艺术设计[M]. 中央广播电视大学出版社，2011.
22. 布莱恩·劳森. 空间的语言[M]. 北京：中国建筑工业出版社，2003.
23. [日]原研哉，设计中的设计[M]. 纪江红，等译. 桂林：广西师范大学出版社，2009.
24. [法]勒·柯布西耶，走向新建筑[M]. 陈志华，译. 西安：陕西师范大学出版社，2004.
25. [英]E.H. 贡布里希，秩序感——装饰艺术的心理学研究[M]. 杨思梁，等译. 桂林：广西美术出版社，2015.
26. [美]鲁道夫·阿恩海姆，艺术与视知觉[M]. 滕守尧，译. 成都：四川人民出版社，2020.
27. 徐恒醇. 设计美学[M]. 北京：清华大学出版社，2006.
28. 王国维.《人间词话》手稿[M]. 杭州：浙江古籍出版社，2005.

后 记

本教材可结合湖南省精品课程《陈设艺术空间创新设计》的网络视频，在中国大学慕课或智慧树平台上进行配套学习。书中六个章节内容是在精品课程文本基础上进行组织，并以艺术为中心，呈现"艺姿、艺程、艺态、艺法、艺慧、艺情"，最后让读者体悟到空间"艺境"之美。各章依次分别由吕卓芳、常贝、王语泉、敖英、卢怡安、范成佳六位研究生负责完成图文整理与选配工作。书中相关资料图片未能一一标注，在此一并感谢。此外，本书获得了湖南师范大学教材建设经费项目的支持，适合建筑、室内、产品、视觉传达、数字媒体等设计专业的师生学习之用，也可作为艺术设计爱好者及文化创新工作者的参考用书。

书稿完成之际，正是人工智能盛行、元宇宙初展之时，这将极大地促使知识迭代日益频繁。未来长江后浪推前浪，前者已逝，后者多忧。不断更新的艺术设计需求，让教育工作者不得不思前想后，以更包容的心态面对国际设计交流。为此，本教材通过抛砖引玉，尝试肩负起拓展本民族设计思维特色的教育重任，在增强设计文化自信的同时，满足民众更美好的创新生活追求。

2024 年秋，记于创研中心楼 104 室

图书在版编目（CIP）数据

室内空间艺术形象创新设计/范伟著. —长沙：湖南师范大学
出版社，2024.9. — ISBN 978-7-5648-5553-6

Ⅰ. TU238.2

中国国家版本馆CIP数据核字第20245SQ318号

SHINEI KONGJIAN YISHU XINGXIANG CHUANGXIN SHEJI

室内空间艺术形象创新设计

范伟 著

出 版 人｜吴真文
责任编辑｜周基东　吕超颖
责任校对｜李　航

出版发行｜湖南师范大学出版社
　　　　　地址：长沙市岳麓区麓山路36号　邮编：410081
　　　　　电话：0731-88873071　88873070
　　　　　传真：0731-88872636
　　　　　网址：www.hunnu.edu.cn/press.
经　　销｜湖南省新华书店
印　　刷｜长沙雅佳印刷有限公司

开　　本｜185 mm×260 mm　　1/16
印　　张｜11.5
字　　数｜290千字
版　　次｜2024年9月第1版
印　　次｜2025年3月第1次印刷
书　　号｜ISBN 978-7-5648-5553-6

定　　价｜98.00元

封面｜新柔雪本白 CG210
内文｜超感 100g
天元纸业